高等职业院校计算机专业"十二五"规划系列教材

GAODENG ZHIYE YUANXIAO JISUANJI ZHUANYE SHIERWU GUIHUA XILIE JIAOCAI

Javascript 特效实战

Javascript TEXIAO SHIZHAN

主　编　石　磊　　向守超
副主编　朵云峰　　李华平　　赵坤灿

重庆大学出版社

内容简介

本书以工作过程为导向，从企业常用的Javascript案例出发，系统地介绍了Javascript的相关知识点。全书共分为12个学习情境，前面3个学习情境是Javascript的基础部分，学习情境4—学习情境9为Javascript的综合案例部分，学习情境10和学习情境11是关于jQuery插件的学习，最后一个学习情境是AJAX进阶部分。每个学习情境都围绕案例任务出发，分别以任务引入、任务分析、任务实施、任务总结、知识拓展和能力拓展为内容展开，最后辅以提高练习，加强对知识点的理解和学习，充分突出了基于工作过程的学习方式，真正做到了"学中做，做中学"。

为了让读者能更加深入地理解本书内容，书中还配有相关的图文说明。本书可作为高等职业院校相关专业的教材或者教学参考书，也可以作为互联网前端工程师的工作案例参考书。

图书在版编目（CIP）数据

Javascript 特效实战 / 石磊，向守超主编. —重庆：重庆
大学出版社，2014.8(2017.7重印)
高等职业院校计算机专业"十二五"规划系列教材
ISBN 978-7-5624- 8239-0

Ⅰ.①J…　Ⅱ.①石…②向…　Ⅲ.①JAVA语言—程序设计—
高等职业教育—教材　Ⅳ.①TP312

中国版本图书馆CIP数据核字（2014）第117167号

高等职业院校计算机专业"十二五"规划系列教材
Javascript 特效实战
主　编　石　磊　向守超
责任编辑：章　可　　版式设计：黄俊棚
责任校对：秦巴达　　责任印制：张　策

＊

重庆大学出版社出版发行
出版人：易树平
社址：重庆市沙坪坝区大学城西路21号
邮编：401331
电话：（023）88617190　88617185（中小学）
传真：（023）88617186　88617166
网址：http://www.cqup.com.cn
邮箱：fxk@cqup.com.cn（营销中心）
全国新华书店经销
万州日报印刷厂印刷

＊

开本：787mm×1092mm　1/16　印张：12.25　字数：306千
2014年8月第1版　2017年7月第2次印刷
印数：3 001—4 000
ISBN 978-7-5624-8239-0　定价：25.00元

随着人们对互联网 Web 产品的交互体验的要求越来越高，XML、RSS、AJAX 等技术的涌现，Javascript（JS）的重要性日益凸现，被越来越广泛地应用于 Internet 网页的特效制作。Javascript 的出现使得网页和用户之间实现了一种实时性的、动态的、交互性的关系，使网页包含了更多活跃的元素和更加精彩的内容。

为了帮助众多网站设计者提高页面制作水平，站在项目实际开发需要的角度，我们精心编写了本书。本书的案例是作者对网站项目开发中使用频率较高的一些 Javascript 交互效果进行的归纳整理，知识点遵循由浅入深、循序渐进的原则，按照 Javascript 的内在联系，将基本语法、各种对象及其属性和方法有机结合，编排在一起，使读者易于学习和掌握。

在内容编排上，本书分为 12 个学习情境，内容涵盖了基本的 Javascript 输出操作，事件的运用，常见的 Javascript 特效和 jQuery 的运用，以及热门的 AJAX 技巧。

本书特色：

（1）内容实用。本书不是一本单纯介绍基础语法的书，更不是一本 Javascript 的 API 参考手册，但是它能教会读者如何实现一个特效或一个交互效果。本书不仅讲解 Javascript 代码，还告诉了读者如何编写相关的 HTML 和样式。

（2）涉及面广。从基础案例到常见页面特效，再到 AJAX，本书都有涉及，而且所有的案例都不是"纸上谈兵"，而是结合了项目开发的实际需要提炼出来的内容。

（3）简明扼要。一个案例就是对一个页面交互效果的分析和解决方案，主要针对该案例进行讲解，并对知识点作出总结和适当扩展。

本书由石磊、向守超担任主编，朵云峰、李华平担任副主编。学习情境 1、学习情境 2、学习情境 4、学习情境 7 和学习情境 10 由石磊编写；学习情境 3、学习情境 5、学习情境 6、学习情境 8 和学习情境 9 由向守超编写；学习情境 11 由朵云峰编写，学习情境 12 由李华平编写。

本书可作为高等职业院校相关专业的教材或者教学参考书，也适合 Javascript 的初学者、有意提高自己网站交互设计水平和希望全面深入理解页面交互效果的读者作为参考书。

对于没有 HTML 和 CSS 基础知识的初学者，阅读本书前建议先了解 HTML 和 CSS 的相关知识。

由于 Javascript 应用发展速度很快，且尚有不少课题需深入探讨和研究，再加上编者自身水平有限，所以书中难免存在遗漏和不足之处，欢迎广大读者批评指正。

编　者

2014 年 3 月

目录 CONTENTS

学习情境 1 | JS 动态显示内容

1.1　任务引入

一般情况下，页面中的内容是开发人员事先写在 HTML 页面中的。但是，在某些情况下，需要浏览器根据用户的操作情况，动态地显示某些内容。如日历，它会随着时间的变化而显示不同的日期；再如，用户在输入表单用户名时，如果输入错误，浏览器会在表单输入框旁边显示错误的信息，如图 1.1 所示。

本学习情境是利用 JS 在页面中动态显示"Hello, world!"字符。需要注意的是文字内容不是事先写在 HTML 标签里的，而是利用 JS 代码在页面中动态输出的。

图 1.1　登录框的错误提示

1.2　任务分析

1.2.1 任务目标

通过本学习情境的学习，读者应达到如下目标：

- 了解 HTML 中添加 JS 代码的方式；
- 掌握 JS 页面输出内容的方式。

1.2.2 设计思路

JS 是应用在浏览器客户端的脚本语言，所以 HTML 文件是必须的。因此首先要建立一个站点。根据任务目标，可以把本学习情境分成几个任务：

☆**任务 1:** 创建站点和 HTML 页面。

☆**任务 2:** 在页面中添加 JS 代码（重点）。

☆**任务 3:** 实现 JS 在页面中动态显示内容（重点、难点）。

1.3　任务实施

任务 1　创建站点和 HTML 页面

（1）打开 Dreamweaver，执行菜单栏中"站点"→"新建站点"命令，或者直接单击"欢迎画面"中"新建"→"dreamweaver 站点"，弹出"新建站点"对话框，如图 1.2 所示。

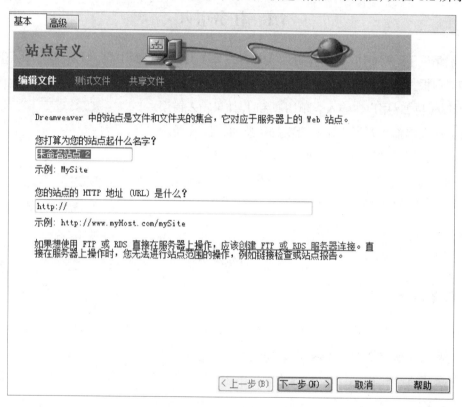

图 1.2　"新建站点"对话框

（2）选择"新建站点"对话框中的"高级"选项卡，作为一个简单的静态站点，只需要填写 "高级"选项卡中的"站点名称""本地根文件夹""默认图像文件夹"3 项，如图 1.3 所示。

- 站点名称：给站点命名。
- 本地根文件夹：站点就放在该文件夹下，文件夹的位置可自由设定，建议放在非系统盘。
- 默认图像文件夹：每一个站点都应该有一个默认的图像文件夹，用于存放站点的相关图片。在本学习情境中，不会用到图片，但是作为规范，还是要建立一个图像文件夹。值得一提的是，这个图像文件夹无论是何种网站，默认名称都为"images"。

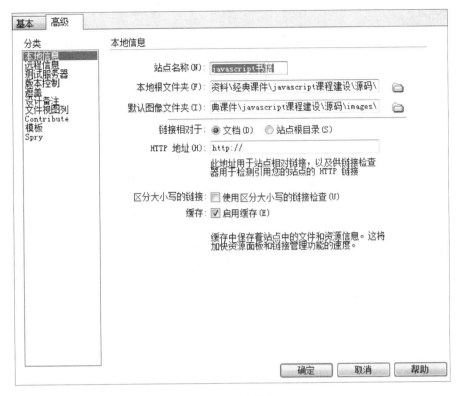

图 1.3　创建站点

（3）在 Dreamweaver 的"文件"面板中，找到刚刚创建的站点。右击站点根目录，创建 index.html 文件（第一个页面文件常命名为 index.html 或者 default.html）。建好的站点目录如图 1.4 所示。

图 1.4　建好后的站点目录结构

任务 2　在页面中添加 JS 代码

在建好的页面文件的 body 标签之间添加一对 <script></script> 标签，代码如下：

```
<script type="text/javascript">

</script>
```

<script> 标签是 HTML 页面中添加非 HTML 代码的标签。这里的 type="text/javascript" 是告诉浏览器，这对 script 标签之间的代码是 Javascript 代码。某些 JS 教程里，script 标签用的是 language 属性标明 Javascript，其含义跟使用 type 是一样的，代码如下：

```
<script language="javascript">

</script>
```

JS 代码就添加在这对 <script> 标签之间。

温馨贴士 ≫≫

W3C 组织（万维网联盟）不推荐使用 language 语法，要标记所使用的脚本类型，推荐设置 <script> 的 type 属性。

任务 3 实现 JS 在页面中动态显示内容

（1）在 <script> 之间添加代码如下：

```
<script type="text/javascript">
    document.write("Hello,world!");
</script>
```

参数说明：

• Document（文档，文件）：指的是页面文件。

• Write（写）：是一个函数（函数的概念在后面章节会作具体的介绍），要写出的内容就在它后面的括号里。

document.wirte("Hello,world!");代码中间的点（.）可以理解为"……做……（事情）"。这句代码的含义是：页面中写下了内容"Hello, world！"。

注意：

• 每句 JS 代码结束后，都以分号（；）结尾。

• 代码里所有的标点符号都是英文状态下的，千万不要使用中文标点符号，否则 JS 会报错，并终止运行。

（2）用浏览器打开页面后，就可以看到在页面中显示的文字，如图 1.5 所示。

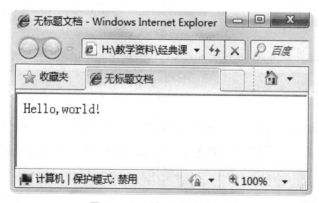

图 1.5　页面中 JS 显示文字

1.4　知识小结

1.4.1 ＜script＞标签

＜script＞标签是页面插入脚本语言的标签。可以插入的脚本语言除了 Javascript 之外，还有 VBscript、JScript 等。因此，必须通过 type 属性告诉浏览器添加的是 Javascipt，代码如下：

```
<script  type="text/javascript">
    // JS 代码就写在这对 <script> 标签之间
</script>
```

1.4.2 document.write( )

document.write() 除了可以在页面中输出显示普通字符外，还可以在页面中输出 HTML 标签。代码如下：

```
<style type="text/css">
    h1{ color:#F00;}
</style>
<script type="text/javascript">
    document.write("<h1>Hello,world!</h1>");
</script>
```

浏览器打开页面后，页面上显示的文字是 h1 的大号字，并且文字是红色。这说明 document.write() 可以直接输出 HTML 标签，并且 JS 输出的标签跟普通的 HTML 标签一样，可以用 CSS 代码进行样式控制。

1.4.3 JS 代码添加方式

要让 HTML 能运行 JS，就要先导入 JS，将 JS 脚本嵌入 HTML 文档中，有两种标准方法：

（1）代码包含于 ＜script＞ 和 ＜/script＞ 标记，然后嵌入 HTML 文档中；

（2）＜script＞ 标记的 src 属性链接外部的 JavaScript 脚本文件。

第一种方法前面已经讲过，这里介绍第二种方法，也是编者推荐使用的方法。

新建一个 JS 脚本文件，命名为"myJS.js"，注意其后缀名为".js"。如果一个站点的文件很多，JS 脚本文件往往会放在一个专门的文件夹里，如 scripts 文件夹。

在 myJS.js 文件中，写上 JS 代码：

```
document.wirte("Hello,world!");
```

注意：在脚本文件中写 JS 代码，是不需要 ＜script＞ 标签的。

在页面中需要添加 JS 代码的地方,添加 <script> 标签,并使用 src 属性,引入外部的 JS 文件,代码如下所示:

```
<script type="text/javascript" src="scripts/myJS.js">
</script>
```

这种方法的好处是可以让页面文件看上去更简洁,特别是当 JS 代码非常多的时候,使用外部 JS 文件也利用代码的维护。

注意: 使用外部 JS 文件的时候, <script> 标签之间的内容必须为空。

1.5　知识拓展

1.5.1　警告框 alert

document.wirte() 常常被用来显示一些提示信息。还有一种显示提示信息的方式就是使用警告框 alert(),如图 1.6 所示。其使用方法跟 document.wirte() 类似,但是更加简单,代码如下所示:

```
<script type="text/javascript">
    alert("Hello,world!");
</script>
```

警告框因为代码简单,容易显示内容,常常被用在代码测试中。

图 1.6　警告框效果

1.5.2　JS 中的数据类型

Javascript 中有 4 种基本的数据类型,分别是:

• 数字型:整数和实数,可以直接进行数值运算。比如: 569, 12.23, –54.23 等。

• 字符串型:用双引号或者单引号括起来的字符或数据。比如:"This is a text""45""你好"等。

例如以下代码:

```
<script type="text/javascript">
    document.wirte("Hello,world!");
</script>
```

其中 document.write() 输出的就是一个字符串型的数据 "hello, world!",当然 document.wirte() 也可以输出其他类型的数据。

• 布尔型:又叫逻辑性,只有两个值 true(真)和 false(假)。常常用来作逻辑判断。

• 空值: null, 表示什么都没有。

1.5.3 JS 中的变量

1. 变量的结构

变量是程序中存储数据的一种工具, 并且所存储的数据可以随时根据程序需要进行改变, 因此这种工具叫 "变" 量。

代码如下所示:

```
<script type="text/javascript">
    var h=" hello,world!" ;
    document.write(h);
</script>
```

代码中的 "h" 就是一个变量。变量由两部分组成:

- 变量名: h。
- 变量值: "hello,world"。

变量值是要存储的数据。变量是存储数据的 "容器"。变量的值可以在脚本中改变。要使用存储的数据, 可以在程序中直接调用变量名。

2. 变量的命名规则

(1) 要区分大小写。H 和 h 就是两个不同的变量。

(2) 变量名开始部分必须为一个字母、下划线, 后面可以跟字母、下划线或者数字。但是变量名中不能有 +、/、-、*、空格、标点等符号。

(3) Javascript 已经使用过的 var、function、if、while、else、class 等关键字不能用作变量名。

> **温馨贴士 》》**
>
> 变量的命名一般要遵从 "见其名, 知其意" 的原则。可以采用 "骆驼命名法" 或者 "下划线连接法"。如要使用一个变量表示我的名字, myName 或 my_name 都是不错的变量名。前者是 "骆驼命名法": 首字母小写, 从第二个单词开始首字母大写 (大小写交替, 就像骆驼的驼峰一样)。后者是 "下划线连接法": 不同的单词用下划线连接起来。

3. 变量的声明

使用变量前, 先要对变量进行声明。声明变量的方法如下:

var　变量;

也可以在声明变量的时候直接赋值:

var　变量=变量值;

在前面的代码中, 就直接声明了一个变量 h, 让它的值为字符串数据 "hello world!"。

Javascript 允许在使用变量前不用声明, 但是建议读者在使用变量前进行声明——作为一种规范。

1.6   能力拓展

1.6.1 常用 JS 调试方法

在编写 JS 代码的过程中, 难免出现错误, 这时就需要对 JS 代码进行调试。

1. 使用 alter() 方法或者 document.write() 方法

如果要查看变量的值, 可使用 alert() 方法; 如果需要查看的值较多, 则使用 document. write() 方法, 避免反复单击 "确定" 按钮。

2. 使用 IE8 及其以上版本自带的开发人员工具

"开发人员工具" 默认是关闭的, 必须手动打开。打开的方法是单击 "工具" 菜单中的 "开发人员工具", 或者直接按 F12 键。开发人员工具可以调试 CSS、HTML、脚本、探查器等, 功能非常强大。

3. Firefox 中的 firebug 插件

这个插件需要自行安装, 在 Firefox 中不是自带的。同样按快捷键 F12 可以打开调试, 它对 JS 的监控更加强大, 可以观测 JS 对 HTML 的改变; 并且可以发现是哪个 JS 文件出了问题; 同时, 它也能调试 CSS 和 HTML 结构。

4. Google 浏览器 Chrome 自带的调试工具

同样按 F12 键可以打开调试, 其功能跟 Firefox 的 firebug 类似。

以上方式各有千秋, 作为初学者, 建议使用第一种方法进行调试。

1.6.2 写出优秀 JS 程序的基础——良好的编码习惯

要编写出优秀的 JS 程序, 需要养成良好的编码习惯:

(1) 声明变量必须加上 var 关键字。

(2) 一条语句结束需要加上分号 (;) 结尾。

(3) 注意代码的缩进, 每个代码块都要相对父级代码缩进。缩进的方式是按 Tab 键。

(4) 注意 JS 代码中的所有标点符号都应该是英文状态下的。如果使用中文标点, JS 将不能顺利运行。

1.7   思考与练习

新建一个站点, 把字符 "I am from JS!" 显示在页面中。

要求:

(1) 使用两种引入 JS 代码的方式完成该题目。

(2) 用 JS 输出时, 用 <p> 标签把它们装起来, 最后用警告框显示 "OK ！"。

学习情境 2 | 简易计算器

2.1　任务引入

JS 常被用于实现页面上的计算功能,比如计算两个数的和,多个数的乘积,甚至计算多个数的平均数等。在网页上也常常看到一些带有数值运算的功能,比如网上的房贷计算器、某涂料网站上的涂料计算等,如图 2.1 所示。尽管计算的数值多变,且计算过程繁多,但这些计算工作对强大的 JS 来说易如反掌。

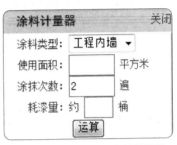

图 2.1　某网站上的涂料计算器

2.2　任务分析

2.2.1　任务目标

本学习情境的任务是制作一个简易的计算器。通过在表单上输入数据 A 和数据 B,单击"加、减、乘、除"4 个按钮,分别进行相应的运算,同时在警告框里显示相关的运算结果,如图 2.2 所示。

图 2.2　加减乘除运算

通过本学习情境的学习,读者应达到如下目标:

- 了解标签使用事件的方式;
- 了解 JS 中的数据类型转换方式;
- 了解 JS 中的单击事件和函数的运用;
- 掌握 JS 通过 id 获取标签的方法;
- 掌握 JS 中基本的运算符;
- 掌握 JS 获取文本框值的方式。

2.2.2 设计思路

本学习情境要用到表单中的文本框和按钮，所以页面上需要使用到 HTML 表单元素。同时，学习的重点是如何通过点击按钮实现数值的运算。因此本学习情境可以分成以下 3 个主要任务：

☆**任务 1**: 站点的建立以及页面的布局。
☆**任务 2**: 按钮功能的实现（重点、难点）。
☆**任务 3**: 加减乘除功能的实现（重点）。

2.3　　任务实施

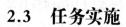

任务 1　站点的建立以及页面的布局

在页面中，添加一个表单：

```
<form action="" method="get">

</form>
```

在页面中如果要使用表单元素，表单 <form> 的添加是必不可少的。但是，因为这里不需要提交表单数据，仅仅是需要它的表单元素，所以 action 后面可以不用填写内容，保持默认值即可。

按照任务目标，现在还需要添加 2 个文本框和 4 个按钮，可以添加一个一列三行的表格来布局内容。

温馨贴士 ≫≫

因为不需要提交表单，所以添加的 4 个按钮属于普通按钮。其实这里也不需要添加 <form> 标签，但是为了表单的规范性，还是添加了 <form> 标签。

添加内容后的代码如下：

```
<form action="" method="get">
   <table border="0" cellspacing="0" cellpadding="0">
  <tr>
    <td> 数值 A: <input name="" type="text" /></td>
  </tr>
  <tr>
```

```
<td> 数值 B: <input name="" type="text" /></td>
</tr>
<tr>
  <td>
    <input name="jia" value=" 加 " type="button" />
    <input name="jian" value=" 减 " type="button" />
    <input name="chen" value=" 乘 " type="button" />
    <input name="chu" value=" 除 " type="button" />
  </td>
</tr>
</table>
</form>
```

任务 2 按钮功能的实现

按照任务要求, 需要点击按钮才会进行数值运算, 所以需要让按钮实现点击功能。

以 "加" 按钮为例, 给按钮添加 "点击" onclick 事件:

`<input name="jia" value=" 加 " type="button" onclick="alert('点我! ')" />`

on: 意思是 "当……时候"。

click: 意思是 "点击"。

onclick: 意思是 "当鼠标点击的时候"。

onclick 写在 "加" 的按钮上, 当单击 "加" 按钮时, 会执行 onclick="…" 中双引号里面的代码。在本例中, 当单击按钮时, 会弹出一个警告框(alert), 显示 "点我! " 字样。

注意: 因为 onclick="…" 已经使用了双引号, 因此 alert 要输出的内容使用的是单引号。反之, 如果 onclick 使用了单引号, 那么 alert 输出的内容就要使用双引号。内外的引号不要使用同一种。

单击按钮后, 通过 onclick 会执行一系列的 JS 代码。但是如果要执行的代码较多, 这些代码全部放在 input 标签的 onclick 里, 会让 HTML 标签显得复杂, 不利于代码的修改和调试。因此, 常使用函数来实现点击后要完成的功能。

函数是具有特定功能的一段程序代码块。这里要使用一个能实现数值相加的函数, 在使用函数前, 需要自己定义一个这样的函数——自己写的函数在使用前都必须要定义。代码如下:

```
<script type="text/javascript">
  function xiangjia(){
      alert(" 点我! ");
    }
</script>
```

function "函数"

"xiangjia"是定义的函数名（注意：函数名不要与表单元素的 name 名一样，会产生冲突），在函数名后有一对 "()"，这对括号是必不可少的，是函数的组成部分之一。

"{}"之间的内容就是函数的具体代码，也即是函数要实现的功能代码。这里要实现的功能是弹出一个警告框。

之前的代码，通过函数可以改为：

```
<script type="text/javascript">
    function xiangjia(){
        alert(" 点我！ ");
    }
</script>
……
<input name="jia" value=" 加 " type="button" onclick="xiangjia()" />
```

任务 3 加减乘除的实现

（1）在数值 A 和数值 B 相加之前，首先要获取文本框里的数值。为了方便获取文本框的值，给两个文本框分别添加两个 id。注意，文本框的 name 和 id 要一致。代码如下：

```
<tr>
    <td> 数值 A：<input name="sA" type="text"  id="sA"/></td>
  </tr>
  <tr>
    <td> 数值 B：<input name=" sB " type="text"  id="sB"/></td>
</tr>
```

（2）单击按钮后，获取了数值，然后再实现数值的运算。所以，数值的获取要写在点击的 xiangjia 函数里。

修改 xiangjia 函数如下所示：

```
<script type="text/javascript">
  function xiangjia(){
      var   a=document.getElementById("sA").value;
      var   b=document.getElementById("sB").value;
  }
</script>
```

这里定义了两个变量 a 和 b，分别装载了数值 A 与数值 B 的内容，因此在后面的程序当中，

a 与 b 就指代了数值 A 与数值 B。

（3）将 a、b 加起来的结果，放在变量 c 里，利用警告框输出结果，代码如下：

```
<script type="text/javascript">
function xiangjia(){
    var    a=document.getElementById("sA").value;
    var    b=document.getElementById("sB").value;
    var    c=a+b;
    alert(c);
}
</script>
```

（4）最后打开页面，在文本框中分别输入两个数值 23 和 42，点击"加"按钮，得到如图 2.3 所示的结果。

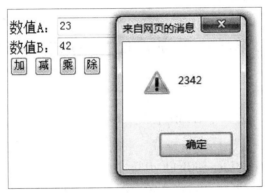

图 2.3　数据相加

（5）数值 A 和数值 B 实现了相加，但是却不是我们想要的结果。这是因为，表单中文本框的数据是字符串类型，字符串类型相加只是简单的连接在一起。要实现数值的相加，在它们相加之前需要对数据进行类型转换（详细的数据类型以及数据类型转换，请参见"2.4 知识小结"）。

把字符串转换为数字类型数据，最简单的方法就是使用 Number() 函数。

Number() 函数：可以把括号里的字符串转换为数字。

代码如下所示：

```
<script type="text/javascript">
function xiangjia(){
    var    a=document.getElementById("sA").value;
    var    b=document.getElementById("sB").value;
    var    c=Number(a)+Number(b);
```

```
        alert(c);
    }
</script>
```

(6)通过数据类型的转换后,就可以得到正确的计算结果。其他运算按钮的 JS 代码编写,就由读者自己完成。

2.4   知识小结

2.4.1 通过 id 获取页面标签

HTML 标签都可以添加 id 属性, JS 则可以利用 id 获取对应的标签。页面上的标签很多,要获取某个标签并对它进行一系列的操作,可以使用:

document.getElementById(id)

括号里面的 id, 就是 HTML 标签的 id 属性值。在同一个页面当中, id 只能使用一次。获取到 id 后,往往会把它装载在一个变量里,这样该变量就在接下来的程序中代表了这个HTML 标签。如:

HTML 标签:

    <div   id="d1"> 这是一个 HTML 标签 </div>

Javascript 代码:

var   myDiv=document.getElementById("d1");

document (文档, 文件) 在 JS 中特指页面。(document 其实是 JS 中很重要的一个对象, 如果大家不能理解对象的概念, 只需要知道 document 特指页面即可)

getElementById: 通过 id 获取页面标签 (元素)。

get: 获取;

element: 元素, JS 中特指 HTML 标签;

by: 通过;

id: 就是指标签的 id 属性。

例如: document.getElementById("sA")

document 后面的 "点" (.), 表示 "做……事情"。这段代码的意思就是 "页面通过 sA 这个id 获取的页面标签"。在同一个页面中, id 只能使用一次, 所以这里获取的标签就是数值 A 的文本框。

2.4.2 获取文本框的值

首先给相应文本框加上 id 属性, id 的值往往跟 name 的值要保持一致, 如:

```
<input    name="wenben"    type="text"   id="wenben" />
```

获取文本框 id, 并且使用文本框的 value 属性获取里面的值, 如:

```
<script type="text/javascript">
    var    a=document.getElementById("wenben").value;
     alert(a);  // 弹出文本框的值
</script>
```

本学习情境的案例代码中, document.getElementById("sA").value 就是获取 "数值 A 文本框的内容(值)"。

同理, document.getElementById("sB").value 就是指获取 "数值 B 文本框的内容"。

2.4.3 数据类型转换

JS 有 3 种基本数据类型: 数值型 number、字符串型 string、布尔型 boolean。

在必要的时候, 它们之间可以进行转换。如, 一个数字转换成为一个字符串输出等。

1. 转换为字符串型

数值型和布尔型数据, 都可以通过 toString() 把它们转换为 string 类型数据。代码如下:

```
var  temp=false;
alert(temp.toString());// 输出 "false"
var  num1=10;
var num2=10.3;
alert(num1.toString()); // 输出 "10"
alert(num2.toString()); // 输出 "10.3"
```

number 类型还可以转换为指定进制字符串。代码如下:

```
var  temp=9;
alert( temp.toString(2) ); // 转换为二进制字符串, 输出 1001
alert( temp.toString(8) ); // 转换为八进制字符串, 输出 11
```

2. 转换为数值类型

parseInt(字符串) 会从字符串的第一个字符开始检查, 看是不是数字。直到出现非数字的字符, 才终止检查。代码如下:

```
var   num= parseInt("45man") ; //num 的值为 45
var   num2= parseInt("man45") ; //num2 的值为 NaN(not a number)
```

parseFloat(字符串) 会从字符串的第一个字符开始检查, 看是不是数字。但是如果出现小数点, 它也认为是合法的数值。不过第二个小数点就被看成是无效的了, 并将终止检查。代码如下:

var num= parseFloat("45.2man")；//num 的值为 45.2

var num2= parseInt("45.2.3")；//num2 的值为 45.2

var num3= parseInt("man45.2")；//num3 的值为 NaN

3. 强制类型转换

Boolean(value) 可以把 value 的值转换为 Boolean 布尔型。

Number(value) 可以把 value 的值转换为 Number 数值型。

String(value) 可以把 value 的值转换为 String 字符串。

2.4.4 基本运算符

1. 加（+）

能实现两个数值的相加。例如：

var a=12;

var b=36;

var c=a+b;

document.write(c); // 输出 48

也可以实现两个字符串的连接。例如：

var a="I love you";

var b="Beijing";

document.write(a + b); // 输出 I love you Beijing

相加的两个数如果有一个是字符串，则加号会把它们直接连接在一起，运算结果也是一个字符串。例如：

var a="2000";

var b=300;

var c=a+b; //c 的值为 "2000300"

2. 减（-）

只能用在数值之间，实现两数值相减。例如：

var a= "aaa"；

var b=300;

var c=a−b; //c 的值为 NaN

3. 乘（*）

只能用在数值之间，进行乘法运算。例如：

var a=12;

var b=10;

var c=a * b; //c 的值为 120

学习情境 3 | 表单验证

3.1 任务引入

现在的网站内容越来越丰富，种类也越来越多，如咨询类网站、下载类网站、游戏网站、视频网站等。但是很多网站都需要进行注册并登录后，才能使用它所提供的功能。

那么在注册或者登录的时候，用户往往需要填写表单。特别是在注册的时候，表单项特别多，如图3.1所示。

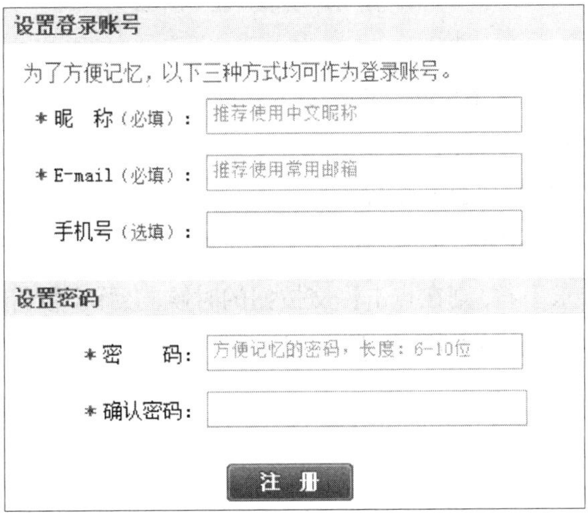

图 3.1 登录表单示例

第一次面对这样的表单，用户往往会漏填内容或者填写错误。这个时候，JS 就会通过警告框或者文字提示用户哪个表单项错误，并且应该怎么填写。

JS 的即时纠错，大大减少了用户数据重复填写的次数，加快了注册或者登录网站的速度；而且这种验证方式是在客户端进行的，也大大减轻了服务器的运算负担。因此，现在很多网站都会利用 JS 进行表单验证。

3.2 任务分析

3.2.1 任务目标

本学习情境是制作一个简单的表单验证，如图3.2所示。

用户注册
Join us

*表示必填项目，不能为空

　*用户名：[   ]

　　　　用户名由16位长度以内的字母、数字、下划线组成

　*密码：[   ]

*重复密码：[   ]

　　两次密码输入必须完全一致

　*邮箱：[   ]

注 册

图 3.2 表单验证

本任务主要是对表单中文本框输入的信息内容进行验证：

• 名字是否超出了 16 个字符；

• 密码是否输入，重复密码是否正确；

• 电子邮件的格式是否正确。

如果输入的值与要求不符, 则在点击提交按钮的时候, 会弹出警告框加以提示。

通过本学习情境的学习, 读者应达到如下目标：

• 了解表单和表单元素的作用；

• 掌握 if 语句的使用；

• 掌握字符串常用方法和属性。

3.2.2 设计思路

要对用户输入的数据进行判定, 实现表单验证特效, 把本学习情境分成以下几个任务：

☆**任务 1:** 表单结构布局。

☆**任务 2:** 及时判断输入信息(重点)。

☆**任务 3:** 获取和验证输入信息(重点)。

☆**任务 4:** 阻止错误信息的提交(重点)。

3.3　任务实施

任务 1　表单结构布局

（1）在 <body> 标签中，插入代码：

```
<div　id="zhuce">
  <h1>
    <img src="images/joinus.gif" width="270" height="87" alt=" 用户注册 " />
  </h1>
  <h2>* 表示必填项目，不能为空 </h2>
  <form action="#" >
  </form>
<div>
```

先用 <div> 标签将整个表单套起来，并在前面加上装饰性的图片和提示文字。

<form> 标签就是页面中的表单。网页上的登录、注册中的所有信息都应该放在表单的 <form> 标签里。

action 属性表示表单要提交数据到某个后台页面进行处理。但是这里只是做一个验证测试，所以值用 "#" 号替代。

（2）在 <form> 标签之间插入姓名、密码、电子邮箱、按钮等表单元素。为了让表单元素排列工整，使用了表格布局。

表格在一些工整型结构布局中相对 div 布局要方便一点。

代码如下：

```
<form action="#">
    <table border="0" cellspacing="0" cellpadding="0">
      <!-- 用户名 -->
      <tr>
        <td width="80" align="right">* 用户名: </td>
        <td><input name="" type="text" class="input" /></td>
      </tr>
      <tr>
        <td width="80" align="right"> </td>
        <td>
      <span class="tishi"> 用户名由 16 位长度以内的字母、数字、下划线组成
</span>
```

```
        </td>
      </tr>
      <!-- 用户名 结束 -->
      <!-- 密码 -->
      <tr>
        <td width="80" align="right">* 密码: </td>
        <td><input name="" type="password" class="input" /></td>
      </tr>
      <tr>
        <td width="80" align="right">* 重复密码: </td>
        <td><input name="" type="password" class="input" /></td>
      </tr>
      <tr>
        <td width="80" align="right"> </td>
        <td>
          <span class="tishi"> 两次密码输入必须完全一致 </span>
        </td>
      </tr>
      <!-- 密码 结束 -->
      <!-- 电子邮箱 -->
      <tr>
        <td width="80" align="right">* 邮箱: </td>
        <td><input name="" type="text" class="input" /></td>
      </tr>
      <!-- 电子邮箱 over-->
      <!-- 按钮 -->
      <tr>
        <td width="80" align="right">  </td>
        <td><input name="" type="submit" value=" 注册 "  class="reg_btn"/></td>
      </tr>
      <!-- 按钮 结束 -->
    </table>
    </form>
```

因为表格结构较为复杂, 因此在添加页面结构时, 应该适当地使用 HTML 注释, 标明页面中的各个结构。

关键样式如下：

```
#zhuce .input {
        border: 1px solid #999999;
        height: 20px;
        line-height: 20px;
        margin-left: 10px;
        width: 200px;
}
#zhuce .tishi {
        color: #999999;
}
#zhuce .cuowu {
        color: #FF0000;
}
#zhuce .zhengque {
        background: url("../images/zq.jpg") no-repeat scroll 0 -2px transparent;
        color: #009900;
        padding-left: 30px;
}
#zhuce .reg_btn {
        background: url("../images/btn.gif") no-repeat scroll 0 0 transparent;
        border: medium none;
        color: #FFFFFF;
        letter-spacing: 10px;
        line-height: 25px;
        margin: 16px;
        text-align: center;
        width: 109px;
}
```

任务 2 及时判断输入信息

按照程序执行的常规逻辑,输入信息是否合法,一般可以在用户提交信息时做判断,所以,要在表单提交时设置一个触发事件：

```
<form action="#" onsubmit="return validate()">
      ……
</form>
```

当表单提交时，就会调用 validate 事件响应函数，因此还需要定义一个事件响应函数 validate()，代码如下：

```
<script  type="text/javascript">
function validate(){

}
</script>
```

设置事件响应函数时，在事件后直接添加函数名即可，本例中的 onsubmit 事件比较特殊，它需要一个返回值来判断是否提交（这个稍后会提到），因此在设置事件响应函数时多加了一个 return 关键字。

任务 3 获取和验证输入信息

要实现该目的，可以分为两步：获取信息和验证信息。

要获取输入信息，首先要有用于输入信息的输入框，然后去输入框中验证输入的信息。

因此，首先在每个输入框标签中加入 id 属性来标志它：

```
<form action="" method="get" onsubmit="return validate()">
……
<td><input name="" id="userName" type="text" class="input" /></td>
……
<td><input name="" id="userPass" type="password" class="input" /></td>
……
<td><input name="" id="userPassAgain" type="password" class="input" /></td>
……
<td><input name="" id="eMail" type="text" class="input" /></td>
```

要获取这些输入框中的内容，只需要使用 document 的 getElementById 方法即可。同时，可以通过输入框的 value 属性获取输入的内容：

```
<script    type="text/javascript">
function validate(){
    // 获取用户名输入框的值
    var uName=document.getElementById("userName").value;
```

```
    // 获取密码输入框
    var uPass=document.getElementById("userPass").value;
    // 获取重复密码输入框
    var uPassAgain=document.getElementById("userPassAgain").value;
    // 获取 email 输入框
    var email=document.getElementById("eMail").value;
}
</script>
```

任务 4 阻止错误信息的提交 1

1. 验证用户名、密码、重复密码、Email 都不能为空

输入的内容都是字符串型的数据,字符串型数据的属性 length 表示字符串的长度,如果 length 为 0,则说明该字符串为空:

```
<script  type="text/javascript">
function validate(){
    // 获取用户名输入框的值
    var uName=document.getElementById("userName").value;
    // 获取密码输入框
    var uPass=document.getElementById("userPass").value;
    // 获取重复密码输入框
    var uPassAgain=document.getElementById("userPassAgain").value;
    // 获取 email 输入框
    var email=document.getElementById("eMail").value;
    if(uName.length==0||uPass.length==0||uPassAgain.length==0||email.length==0){
            alert(" 请把内容填写完整 ");
    }
}
</script>
```

2. 判断用户名由 16 位长度以内的字母、数字、下划线组成

上面的示例已经可以判断用户名的长度在 16 位以内,现在只需要判断输入的数据是否符合标准。

要判断输入的数据,就要把输入的字符逐个取出进行比较,可以用 substr 实现:

```
<script  type="text/javascript">
```

```
function validate(){
    ……
    if(uName.length==0||uPass.length==0||uPassAgain.length==0||email.length==0){
        alert(" 请把内容填写完整 ");
    }
    if(uName.length>16){
        alert(" 用户名不能大于 16 个字符 ");
    }
    for(var i=0;i<uName.length;i++){
        var currStr=uName.substr(i,1);
    if(!(currStr>='A'&&currStr<='Z'&&currStr>='a'&&currStr<='z'&&currStr>=0&&
currStr<=9)){
            alert(" 用户名只能有数字、字母和下划线组成 ");
        }
    }
}
</script>
```

3. 验证两次输入的密码必须完全一致

代码如下：

```
<script  type="text/javascript">
function validate(){
    ……
    for(var i=0;i<uName.length;i++){
        var currStr=uName.substr(i,1);
        if(!((currStr>='A'&&currStr<='Z')||
                (currStr>='a'&&currStr<='z')||
                (currStr>=0&&currStr<=9))){
            alert(" 用户名只能有数字、字母和下划线组成 ");
        }
    }
if(uPass!=uPassAgain){
            alert(" 两次输入的密码必须一致 ");
    }
```

```
}
</script>
```

4.判断邮箱要包含"@"符,且"@"符不能放在第一个字符处

可以用字符串的 indexOf 方法查找 "@" 符所在位置,代码如下:

```
<script type="text/javascript">
function validate(){
    ……
if(uPass!=uPassAgain){
        alert(" 两次输入的密码必须一致 ");
    }
    if(email.indexOf("@")<1){
        alert("不是有效的电子邮件地址。");
    }
}
</script>
```

任务 5 阻止错误信息的提交 2

onsubmit 事件需要一个返回值来判断是否提交, 如果 onsubmit 事件的响应函数返回 false, 则表单数据不会提交, 否则表单数据将提交。因此, 必须在 onsubmit 事件的响应函数中加入返回值,代码如下:

```
function validate(){
    ……
if(uName.length==0||uPass.length==0||uPassAgain.length==0||email.length==0){
        alert(" 请把内容填写完整 ");
        return false;
    }
    if(uName.length>16){
        alert(" 用户名不能大于 16 个字符 ");
        return false;
    }
    for(var i=0;i<uName.length;i++){
        var currStr=uName.substr(i,1);
      if(!(((currStr>='A'&&currStr<='Z')||
```

```
            (currStr>='a'&&currStr<='z')||
            (currStr>=0&&currStr<=9))){
                alert(" 用户名只能有数字、字母和下划线组成 ");
                return false;
            }
        }
    if(uPass!=uPassAgain){
        alert(" 两次输入的密码必须一致 ");
        return false;
    }
if(email.indexOf("@")<1){
        alert(" 不是有效的电子邮件地址。");
        return false;
    }
```

3.4　知识小结

3.4.1　表单 <form> 的 onsubmit 事件

在对一个表单（form）进行客户端检验时，可以使用 <form onsubmit="return check()"> 的形式，如果表单没有通过验证，在 check 函数中 return false 就会阻止表单的提交。

3.4.2　字符串的 length 属性与 indexof () 方法

JS 从表单元素中获取的值都是字符串类型。因此，在本学习情境中，对表单的验证即是对字符串的操作。本学习情境所用到的字符串相关属性和方法如下：

1. 字符串的 length 属性
说明字符串的长度，例如：

```
<script type="text/javascript">
var str=" 字符串字节长度为 " ;
alert(str.length);
</script>
```

2. 字符串的 indexOf 方法
当字符串中包含指定字符串时，该方法就返回指定字符串在字符串中第一次出现的位置；

续表

方　法	描　述
sup()	把字符串显示为上标
toLocaleLowerCase()	把字符串转换为小写
toLocaleUpperCase()	把字符串转换为大写
toLowerCase()	把字符串转换为小写
toUpperCase()	把字符串转换为大写
toSource()	代表对象的源代码
toString()	返回字符串
valueOf()	返回某个字符串对象的原始值

3.6　能力拓展

HTML5 表单验证

HTML5 对表单元素新增了许多新控件及其 API，方便用户做更复杂的应用，而不用借助其他 Javascript 框架。比如，如果要对某个 input 元素进行是否为空的验证，可以给它添加 required 属性。

HTML5 中的 required 属性规定必须在提交之前填写输入域（不能为空）。它是一种最简单的表单验证方式，例如：

```
<input type="text" name="usr_name" required="required" />
```

当点击"提交按钮"时，表单会出现自动提示框，提示用户填写完数据。不过，因为是 HTML5 的内容，所以需要在 IE9+、firefox 或者 chrome 等高版本的浏览器中才能看到。

HTML5 对表单的改进非常多，读者有兴趣的话可以自行查阅相关资料。

3.7　思考与练习

在本学习情境中加入身份证号码输入框，并实现身份证号码的验证：

（1）身份证号码长度为 15 位或 18 位。

（2）除最后一位可以是字母或数字以外，其余各位都必须是数字。

（3）身份证号码中的出生年、月、日信息必须合法。

学习情境4 ┃ 二级菜单

4.1 任务引入

用户在上网时，经常会遇到二级导航菜单。当把鼠标滑动到一级导航菜单上时，会在一级导航菜单的下方显示出二级菜单的内容，如图4.1所示。

二级菜单经常被网站用来显示一些额外的子类菜单项。这样做可以让菜单分类明确，同时也可以节约宝贵的页面空间。如果用户不用鼠标激活二级菜单（点击一级菜单，或者鼠标在一级菜单上划过），二级菜单不会显示。

图4.1　某网站二级导航菜单

4.2 任务分析

4.2.1 任务目标

本学习情境的任务是制作网站的二级菜单。当鼠标移动到一级导航上时，在一级导航菜单的下方显示二级菜单的内容，如图4.2所示。

图4.2　二级菜单范例

通过本学习情境的学习，读者应达到如下目标：

• 了解二级菜单的结构和相关样式；

- 掌握 onmouseover 和 onmouseout 事件；
- 掌握 JS 控制标签隐藏与显示的方法。

4.2.2　设计思路

本学习情境涉及网站导航的制作。在页面中，导航常与 banner 联系在一起。为了更加真实地模拟实际项目，也为导航添加一个 banner 图片。读者需要知道如何使用相应的标签布局出 banner 和导航的结构，以及如何书写它们的样式；同时，还要使用 JS 实现鼠标移动到一级导航后激活二级菜单；当鼠标离开一级导航时，隐藏二级菜单。因此本学习情境可以分成以下几个主要的任务：

> ☆**任务 1**：在页面中添加 banner（横幅广告）结构。
>
> ☆**任务 2**：页面中一级菜单的布局。
>
> ☆**任务 3**：页面中二级菜单的布局（重点）。
>
> ☆**任务 4**：显示二级菜单（重点，难点）。
>
> ☆**任务 5**：二级菜单隐藏（重点）。

4.3　任务实施

任务 1　在页面中添加 banner（横幅广告）结构

很多 HTML 标签都自带一定的样式。比如，<p> 标签就有一定的 margin 和 padding 值，ul 标签自带了列表样式"点"。这些标签的自带样式对页面往往来说是冗余的，甚至会影响到页面的布局。

因此在制作网页时，会写上一些样式来去掉 HTML 标签的自带样式。这些 CSS 代码，称为"公用样式"。常用的公用样式如下，给仅供读者参考：

```
<style type="text/css">
*{ margin:0px; padding:0px;}
body{
text-align:center;
background:#FFF;
font-size:12px;
line-height:24px;
color:#000;
```

```
}
img,li,input,select,textarea{ vertical-align:middle;}
img{ border:none;}
ul{ list-style:none;} /* 去掉 ul 默认的内外边距和点符号 */
a{ text-decoration:none;}
</style>
```

在 body 标签中添加 HTML 标签如下:

```
<!--banner-->
<div id="banner">
</div>
<!--banner over-->
```

为了方便使用样式控制 banner, 给 banner 添加 id 为 "banner"。

为了更清晰地标明 HTML 的各个标签, 常常需要添加相应的 HTML 注释。特别针对 <div>、<ul>、<h1> ~ <h6> 之类的双标签, 会在标签的开头和结尾的地方分别添加注释。这样做不会遗漏标签, 更不会在众多的 HTML 标签中迷失自己的标签对象。

在本学习情境中, banner 就是一张图片, 将 banner 图片插入页面中的方式有两种:

第一种, 直接使用 <img /> 标签插入 <div id="banner"></div> 之间。

第二种, 使用 CSS 把图片作为 <div id="banner"></div> 的背景图片。

在这里, 推荐使用第二种方式。因为如果有必要, 还可以在 <div id="banner"></div> 之间添加 flash 之类的装饰美化页面。

通常 banner 在页面中的宽高是固定的。因此要根据 banner 的宽高, 设定 <div> 的宽高; 为了防止 banner 的内容超出 banner 范围, 还需要添加 "超出隐藏" 的样式; banner 的图片则作为 <div> 的背景加入; 页面的内容往往在浏览器中是居中的, 所以还要给 banner 添加 "居中" 的样式。

详细 banner 样式如下:

```
#banner{
    width:800px;   /* 宽 */
    height:206px;  /* 高 */
    background:url(images/banner.jpg) no-repeat;  /* 背景 */
    overflow:hidden; /* 内容超出隐藏 */
    margin-left:auto;  /* 左边距 auto（居中）*/
    margin-right:auto;  /* 右边距 auto（居中）*/
}
```

任务 2 页面中一级菜单的布局

在网页中任何一个板块都会使用 <div> 标签嵌套起来, 而导航菜单往往采用 <ul> 与 <li> 标签制作。

按照页面"从上到下"的结构顺序, 具体一级菜单 HTML 代码如下:

```
<!--banner-->
<div id="banner">
    </div>
<!--banner over-->
<!-- 导航 -->
<div id="nav">
        <ul>
            <li><a href="#" target="_self"> 首页 </a></li>
            <li><a href="#" target="_self"> 公司介绍 </a></li>
            <li><a href="#" target="_self"> 产品展示 </a></li>
            <li><a href="#" target="_self"> 联系我们 </a></li>
            <li><a href="#" target="_self"> 招贤纳才 </a></li>
        </ul>
</div>
<!-- 导航  over-->
```

<ul> 里的列表项标签 <li> 默认是竖向排列的, 要让它们横向排列, 需要用到浮动属性。考虑到人们习惯先出现的列表项在左边, 因此选择左浮动。

导航的背景是整个导航板块的背景, 不是某个导航项的背景, 因此背景添加在 <div> 标签里。

同时需要注意的是, 导航的文字在导航里是垂直居中的。因此, 要设定文本的行高与导航的高度保持一致。代码如下所示:

```
#nav{
        background:url(images/nav.gif) repeat-x;
        /* 设置导航背景 */
        margin-left:auto;    /* 导航居中 */
        margin-right:auto;
        height:50px;        /* 设置整个导航的大小 */
        width:800px;
        font-size:14px;      /* 字体大小 */
```

```
        font-weight:bolder;  /* 字体加粗 */
    }
#nav li{
        margin-left:10px;      /* 拉开导航项之间距离 */
        margin-right:10px;
        float:left;            /* 左浮动, 让一级导航水平排列 */
        display:inline;
    }
```

添加样式后的一级菜单效果如图 4.3 所示。

图 4.3　一级菜单效果

任务 3　页面中二级菜单的布局

（1）因为, 一级导航使用的是 <ul> 结构, 为了结构上清晰明了, 二级菜单也使用 <ul> 结构, 并添加在相应的一级菜单 <li> 里面。

修改 HTML 结构如下:

```
<!--banner-->
<div id="banner">
</div>
<!--banner over-->
<!-- 导航 -->
<div id="nav">
<ul>
    <li><a href="#" target="_self"> 首页 </a></li>
  <li><a href="#" target="_self"> 公司介绍 </a>
        <!-- 二级菜单 -->
        <ul>
```

```
            <li><a href="#" target="_self"> 走进我们 </a></li>
            <li><a href="#" target="_self"> 悠久历史 </a></li>
            <li><a href="#" target="_self"> 公司理念 </a></li>
            <li><a href="#" target="_self"> 经理致词 </a></li>
        </ul>
    <!-- 二级菜单 over -->
    </li>
    <li><a href="#" target="_self"> 产品展示 </a></li>
    <li><a href="#" target="_self"> 联系我们 </a></li>
    <li><a href="#" target="_self"> 招贤纳才 </a></li>
</ul>
</div>
<!-- 导航  over-->
```

（2）在添加了二级菜单结构后，原本整齐的一级菜单出现了混乱，这都是一级菜单的样式造成的。

一级菜单中的样式如下：

```
#nav li{
        margin-left:10px;    /* 拉开导航项之间距离 */
        margin-right:10px;
        float:left;          /* 左浮动，让一级导航水平排列 */
        display:inline;
}
```

这里控制的不仅仅是一级菜单 <li> 的样式，也包含了二级菜单 <li> 的样式。因为 "#nav li" 样式的含义是 "id 为 nav 的标签下面所有的 li 标签"。

（3）需要纠正一级菜单样式给二级菜单样式带来的冲突。在这个案例中带来的冲突主要有：二级菜单<li>是上下排列的，不需要浮动，一级菜单<li>却是浮动的；二级菜单<li>左右不需要有外边距，一级菜单<li>之间有外边距；二级菜单<li>与一级菜单<li>的行高不一样。添加二级菜单<li>样式如下：

```
#nav li ul li{
        float:none; /* 去掉二级菜单浮动 */
        margin:0px;
        padding:0px; /* 去掉二级菜单的内外边距 */
        height:30px; /* 二级菜单的菜单项高度 */
        line-height:30px;
}
```

（4）修改后仍然有问题，二级菜单会撑高一级菜单（给一级菜单临时设置一个背景色就可以看到）。要让二级菜单不影响一级菜单，只有让二级菜单 <ul> 绝对定位才行。但是绝对定位后，二级菜单 <ul> 就会相对浏览器窗口定位，而不受一级菜单的大小控制。因此，需要让一级菜单 <li> 相对定位，才能让二级菜单 <ul> 在一级菜单的范围之内。

一级菜单样式修改代码如下：

```
#nav li{
        margin-left:10px;     /* 拉开导航项之间距离 */
        margin-right:10px;
        float:left;           /* 左浮动，让一级导航水平排列 */
        display:inline;
        position:relative;    /* 让一级菜单相对定位 */
}
```

二级菜单样式添加代码如下：

```
#nav li ul{
        position:absolute;    /* 二级菜单绝对定位 */
        top:47px;             /* 二级菜单距离导航顶部距离 */
        left:10px;
        width:96px;           /* 二级菜单宽度 */
        display:none;         /* 隐藏二级菜单 */
        background:#0fa5c7;
}
```

二级菜单 <ul> 是在一级菜单 <li> 的里面。在整个导航中，<li> 下拥有的 <ul> 也仅是二级菜单。所以样式中对二级菜单的控制可以使用 "#nav li ul"。

（5）给二级菜单添加了绝对定位代码后，二级菜单就可以使用 top、left、right，以及 bottom 来控制其位置。注意，二级菜单不能与一级菜单产生距离上的缝隙，否则会造成鼠标点不到二级菜单的情况。在本例中，导航的高度为 50 px，所以让二级菜单距离导航顶部为 47 px，使二级菜单与导航有交叉地方，这样就不会产生缝隙。

另外，二级菜单一开始是隐藏的，所以需要在样式里让二级菜单 "display: none"。

任务 4 显示二级菜单

鼠标移动到一级菜单上时，该菜单下的二级菜单才显示出来。因此，先定义二级菜单的显示函数，并给拥有二级菜单的一级菜单添加 "鼠标放上去（onmouseover）" 事件。

自定义一个 js 函数，名为 "onOver"。

修改 HTML 代码如下：

```
<!-- 导航 -->
<div id="nav">
    <ul>
        <li><a href="#" target="_self"> 首页 </a></li>
        <li onmouseover="onOver(this)">
<a href="#" target="_self"> 公司介绍 </a>
                <!-- 二级菜单 -->
                <ul>
                    <li><a href="#" target="_self"> 走进我们 </a></li>
                    <li><a href="#" target="_self"> 悠久历史 </a></li>
                    <li><a href="#" target="_self"> 公司理念 </a></li>
                    <li><a href="#" target="_self"> 经理致词 </a></li>
                </ul>
                <!-- 二级菜单 over -->
        </li>
        ……
```

<li onmouseover="onOver(this)">···.</div> 表示当鼠标放到这个（this）标签上时，就执行 onOver 函数。

onmouseover 可以理解为"当鼠标在……上面的时候"。

this 是 onOver 函数的实参，表示要显示的是 这个（this）一级菜单下的二级菜单。

onOver 函数如下：（因为是函数定义，所以可以写在相应 HTML 结构的前面，推荐使用外部 js 文件）

```
function onOver(obj){
    var sub_ul=obj.getElementsByTagName("ul");
    sub_ul[0].style.display="block";
}
```

onOver(obj) 中的 obj 是 onOver 函数的形参，在函数运行的时候，会被实参替换。这里，实参是 this。

var sub_ul =obj.getElementsByTagName("ul") 的含义是"获取 obj 下面所有的 <ul> 标签"。obj 下面可能有很多 <ul> 标签，所以这个函数得到的结果是一个 <ul> 标签的集合（其实是一个数组，关于数组的概念将在后面的章节中做进一步介绍）。这个 <ul> 标签的集合被装在了变量 sub_ul 里。也就是说，sub_ul 代表了 obj 下面的所有的 <ul> 标签。

sub_ul[0].style.display="block"; 代码中的 sub_ul[0] 是表示第 1 个 <ul> 标签（在数组中，数

据的编号都是从 0 开始的）。而在一级菜单的 <li> 标签中，有且仅有一个 <ul> 标签，就是二级菜单的 <ul> 标签。因此，代码中 sub_ul[0] 实际上代表的是二级菜单。

隐藏二级菜单是利用了 CSS 样式（style）的 "display: none;"。要让二级菜单显示出来，需要更改 "display" 属性值为 "block"。

JS 控制标签样式的固定格式：标签 .style. 属性 = "值"。

任务 5　隐藏二级菜单

鼠标离开一级菜单时，该菜单下的二级菜单就会隐藏。因此，先定义二级菜单的显示函数，并给拥有二级菜单的一级菜单添加 "鼠标离开（onmouseout）" 事件。同时，定义二级菜单的隐藏函数 onOut。

修改导航 HTML 代码如下：

……

```
<li onmouseover="onOver(this)" onmouseout="onOut(this)">
<a href="#" target="_self"> 公司介绍 </a>
        <!-- 二级菜单 -->
```

……

onmouseout="onOut(this)" 表示当鼠标离开这个（this）标签的时候，就执行 onOver 函数。onmouseout 可以理解为 "当鼠标离开……的时候"。

现在给拥有二级菜单的 li 添加两个事件，Onmouseover 和 onmouseout。

onOout 函数如下：

```
function  onOut(obj){
    var    sub_ul=obj.getElementsByTagName("ul");
    sub_ul[0].style.display="none";
}
```

与显示二级菜单类似，要隐藏二级菜单，更改 sub_ul[0].style.display 的值为 "none"（没有）。

4.4　知识小结

4.4.1　二级菜单的结构特点

二级菜单的结构可以有多种形式，在本例中依然采用了 <ul> 与 <li> 标签相结合的方式进行布局，二级菜单的 <ul> 放在对应的一级菜单 <li> 标签里。这是一种比较简单明了的结构。二级菜单与一级菜单相互对应，相互结合，让程序员一目了然。

4.4.2 二级菜单的样式特点

二级菜单的出现不能影响到其他的标签, 因此二级菜单 <ul> 标签只能是"绝对定位"的。要"管住"二级菜单, 一级菜单的 <li> 标签就只有"相对定位"。这是 CSS 样式中绝对定位与相对定位的一个经典应用。

4.4.3 onmouseover 与 onmouseout 事件

要实现鼠标放在一级菜单上, 二级菜单显示; 鼠标离开一级菜单, 二级菜单隐藏的功能。需要用到两个鼠标事件 onmouseover 与 onmouseout 才能实现这一系列的事件响应。

很多 JS 特效都是多个事件的结合, 希望读者在分析 JS 特效的时候, 能找出特效所涉及的事件。

4.5　知识拓展

4.5.1 getElementById 与 getElementsByTagName

1.getElementById() 函数

getElementById() 函数的字面意思是"通过 id 获取页面标签"。它是 document 特有的一个函数 (方法), 常跟 document 一起使用。它获取的标签也往往会放到一个变量里, 在此后的这段 JS 程序中, 该变量就代表这个标签。使用的时候, 必须保证括号里是某个标签的 id。

例如:

HTML 部分:

<div id="myId"> 这是一个 div</div>

JS 部分:

var　myName=document.getElementById("myId");

myName.innerHTML="JS 更改了 div 的内容";

2.getElementsByTagName() 函数

getElementsByTagName() 函数的字面意思是"通过标签名字获取标签", 函数括号里必须是 HTML 标签的名称。需要注意的是 getElementsByTagName 函数名字里有个"s", 说明它获取的标签可能不止一个。实际上, 它获取的是一个标签的数组, 会把指定范围里的所有同名标签都获取到。

getElementsByTagName 的制定范围完全是由它前面的对象决定的。

它前面的对象常常有两种:

var　xy=document. getElementsByTagName("div")

获取页面（document）里所有的 <div> 标签，并且装载在变量 xy 中。

var xy=id. getElementsByTagName（"div"）

获取指定标签里所有的 <div> 标签，并且装载在变量 xy 中。

在它获取的众多标签中，每个标签都有自己的编号。按照 HTML 里出现的顺序，依次是 0，1，2…通过类似 xy[0] 的格式来获取某个具体的标签。

例如，在某个页面里的 body 中仅有如下几个标签：

```
<div    id="big">
      <div> 你好 </div>
      <div> 我好 </div>
      <div>大家好 </div>
</div>
```

JS 代码中：

var x= document.getElementById("big");

// x 获取的是 id 为 big 的标签

var y= document. getElementsByTagName ("div");

//y 获取的是页面中所有的 div 标签

alert(y[1].innerHTML);

// y[1] 是 <div> 你好 </div> 这个标签，因此输出"你好"

var z=x. getElementsByTagName ("div");

//z 获取的是 x 下所有的 div 标签

alert(z[1].innerHTML);

// z[1] 是 <div> 我好 </div> 这个标签，因此输出"我好"

4.5.2 JS 控制标签的 CSS 属性

JS 控制标签的 CSS 属性有固定的格式：标签 .style. 属性＝"值"。

用 JS 操作标签的 CSS 时，在 CSS 和 JS 中各个样式的属性名称的写法略有不同，基本规律是：

（1）在 CSS 中元素样式属性名称如果是由两个或多个单词组成，则每个单词间用中短线，即 "–" 进行连接，字符不区分大小写。

例如： div{font-size:12px;}

（2）在 JS 中元素样式属性名称如果由两个或多个单词组成，则每个单词的首字母要大写，但第一个单词（即最左边第一个字母）的首字母要小写，字符区分大小写。

例如：Id.style. height ="100px";

用 js 控制了某个 id 的标签高度为 100px。

再如:

HTML 部分:

<div id="wenzi"> 重庆某职业技术学院 </div>

JS 部分:

var wz=document.getElementById("wenzi");

wz.style.fontSize="20px"; // 字体大小为 20 px, 千万不要写出 font-size

wz.style.color="red";   // 字体颜色为红色

4.5.3 JS 中的事件

在 JS 中, 鼠标和键盘的动作称为事件,它们能引发一系列的 JS 代码运行(当然 JS 中也有一些事件是由程序引发的, 不过这里暂时不提)。

如果要给某个标签加上事件, 就需要在某个标签内写上相应的事件函数。

例如鼠标单击事件: <img onclick=" 函数 ( )" src="…">

在二级菜单的案例中, 使用了两个鼠标事件函数: onmouseover 和 onmouseout。在已经学过的点击(onclick)、鼠标移上去(onmouseover)以及鼠标移开(onmouseout)事件当中, 不难发现这样的规律:

(1)每个事件函数前面都是 on 开头。"on" 可以理解为 "当…… 时候"。

如: onmouseover 表示当鼠标(mouse)在上面(over)的时候;

   onnmouseout 表示当鼠标(mouse)离开(出去 out)的时候。

(2)每个事件函数的字母都是小写的, 这是 W3C(万维网组织)所提倡的标准之一。

常见的鼠标和键盘事件函数见表 4.1。

表 4.1 鼠标和键盘事件函数

函　数	描　　述
onclick	单击事件
onmousedown	当用户用鼠标单击(向下 down 按鼠标)对象时触发
onmousemove	当用户将鼠标划过(move 移动)对象时触发
onmouseup	当用户在鼠标位于对象之上时释放(松开鼠标 up)鼠标按钮时触发
onScroll	滚动条滚动事件(当访问者使用卷轴上移或下移时产生)
onKeyPress	当键盘上的某个键被按下并且释放时触发的事件(注意:页面内必须有被聚焦的对象)
onKeyDown	当键盘上某个按键被按下时触发的事件(注意:页面内必须有被聚焦的对象)

续表

函　数	描　述
onKeyUp	当键盘上某个按键被按下再放开时触发的事件（注意：页面内必须有被聚焦的对象）
onblur	当前元素失去焦点时触发的事件（鼠标与键盘的触发均可）
onFocus	当某个元素获得焦点时触发的事件
onChange	当前元素失去焦点并且元素的内容发生改变而触发的事件（鼠标与键盘的触发均可）
onsubmit	发生在单击表单中的"提交"按钮时，可以使用该事件来验证表单的有效性，并且通过在事件处理程序中返回 false 值可以阻止表单提交

4.5.4 函数的传参

用户可以给函数提供一个或者几个数据，让函数进行处理后输出结果，这些数据就称为"参数"。

如果需要给某个函数提供参数，在定义函数时就应该写上一个形式参数（因为具体的参数还不能确定，只有在调用函数的时候才知道。因此，这个时候的参数叫形式参数，简称形参）。

例如：

```
function  onOut(obj){
    var  sub_ul=obj.getElementsByTagName("ul");
    sub_ul[0].style.display="none";
}
```

这里的 obj 就是一个形参。它仅仅是留出了参数的位置，具体的参数在实际调用函数时才知道（实际调用的参数，也称为实际参数，简称实参）。

例如：

……

```
    <li onmouseover="onOver(this)" onmouseout="onOut(this)">
<a href="#" target="_self"> 公司介绍 </a>
        <!-- 二级菜单 -->
```

……

这里的 this 就是一个实参，表示接受事件的"这个" HTML 标签。

一般说来，形参和实参的数目相同，并且是一一对应的。

4.6　能力拓展

通过本学习情境的学习,会发现要完成一个 JS 特效离不开页面相关的结构(HTML 标签)和 CSS 样式。

页面一般分为 4 个层次:内容、结构、样式和行为。

- 内容:就是页面所展示的文字、图片、视频,甚至音频等,是用户浏览的信息。
- 结构:就是各种 HTML 标签。
- 样式:就是 CSS,用于美化页面。
- 行为:狭义上讲就是页面上的各种特效,广义的行为还包括后台程序(如 PHP)对数据库的操作等,不过这不是本书讨论的内容。

页面的 4 个层次层层相套,相互影响。其中内容和结构是样式和行为的基础。因此,要做好 JS 特效,必须掌握 HTML 基础和 CSS 基础。

4.7　思考与练习

(1)完成一个纵向的二级菜单。

(2)完成特效:鼠标移动到一张图片上时,显示出图片的名称;当鼠标离开图片后,图片的名称又隐藏起来,如图 4.4 所示。

图 4.4　鼠标移动到图片上的前(左图)后(右图)对比

学习情境 5 | 电子时钟

5.1　任务引入

　　某些网站上有时间显示的效果,而且时间会跟随系统时间而走动,甚至能精确到秒。比如,页面上某个地方会显示"现在是 2014 年 5 月 19 日,星期一, 14: 12: 30"。

　　另外,随着电子商务的兴起,现在很多购物网站为了促销商品,会采用一些抢购活动来吸引客户。在抢购之前,往往也会有一个 JS 控制的电子时钟,提醒客户当前时间的同时,也告诉了客户抢购活动的开始时间。

　　这些电子时钟的显示,既让浏览者知晓了时间,又增添了页面的乐趣感。

5.2　任务分析

5.2.1　任务目标

　　在本学习情境中,将采用 JS 制作一个电子时钟,其显示效果如图 5.1 所示:

图 5.1　电子时钟效果

通过本学习情境的学习,读者应达到如下目标:
- 了解 JS 中的 Date 对象;
- 掌握 Date 对象获取时间的方法;
- 掌握标签的 innerHTML 属性;
- 掌握 JS 中的计时器。

5.2.2 设计思路

本学习情境是实现一个电子时钟效果。要完成这个特效,需要利用 JS 获取系统当前的时间,并且让页面把当前时间显示出来。更重要的是,需要让页面中的时间跟系统时间一样能按秒走动起来。

因此,将本学习情境分成以下几个任务:

☆**任务 1**: 时钟结构布局。
☆**任务 2**: 系统时间获取(重点)。
☆**任务 3**: 系统时间显示(重点)。
☆**任务 4**: 时间走动(重点)。

5.3 任务实施

任务 1 时钟结构布局

整个时钟结构使用一个 <div> 标签套起来。内容上,凡是显示时间的标签,包括年、月、日、星期、时、分、秒等,均分别使用了不同的 id 属性。使用 id 来标识它们,是为了后面的 JS 代码能方便地改变它们的值。

时钟的 HTML 代码如下:

```
<div id="shizhong">
    <h1> 星期 <span id="xq"> 一 </span></h1>
    <h2   id="riqi">30</h2>
    <h3>
        <span   id="nian">2008</span>.<span id="yue">Feb</span>
        <span   id="shijian">12:30</span>
    </h3>
</div>
```

为了让时钟更美观。给时钟添加漂亮的背景,同时让重点信息突出,使它更像是一个电子时钟。

关键 CSS 样式代码如下:

```
#shizhong{
    margin-left:auto;
    margin-right:auto;
```

```
        width:236px;
        height:264px;
        overflow:hidden;
        background:url(images/2.gif)  no-repeat;
        margin-top:50px;
    }
    h1{
        color:#FFF;
        text-align:center;
        height:72px;
        line-height:72px;
        sfont-size:30px;
    }
    #riqi{
        font-size:120px;
        color:#000;
        height:140px;
        line-height:140px;
    }
    #shizhong h3{
        line-height:24px;
        font-size:20px;
        color:#666
    }
    #yue{
        margin-right:10px;
    }
```

任务 2 获取系统时间

在 JS 中, Date 对象用于处理日期和时间。现在要从 Date 对象中获取当前时刻的年、月、日、时、分、秒, 为了提高代码的执行效率和代码的重用率, 可以定义一个函数来获取当前时刻。

在 <head> 标签中, 插入 JS 代码:

```
<script type="text/javascript">
```

```
function showLocalTime(){
        var now = new Date();   // 创建一个 Date 对象
        var year = now.getFullYear();   // 获取 Date 对象的年份
        var month = now.getMonth()+1;   // 获取 Date 对象的月份
        var date = now.getDate();   // 获取 Date 对象的日期
        var day = now.getDay();   // 获取 Date 对象的星期
        var hour = now.getHours();   // 获取 Date 对象的小时
        var minute = now.getMinutes();   // 获取 Date 对象的分钟
        var second = now.getSeconds();   // 获取 Date 对象的秒
}
</script>
```

任务 3 显示系统时间

显示的系统时间中包括了年、月、日、时、分和秒等信息,分别显示的地方见表 5.1:

表 5.1　HTML 结构与对应显示的内容

页面元素	要显示的内容
<h1 id="xq">	显示星期
<h2 id="riqi">	显示日期
<span id="nian">	显示年份
<span id="yue">	显示月份
<span id="shijian">	显示时间

可以通过 id 属性来获取这些页面标签,修改 showLoacalTime 函数代码如下:

```
<script type="text/javascript">
function showLocalTime(){
    ……
    var xqObj=document.getElementById("xq");
    var riqiObj=document.getElementById("riqi");
    var nianObj=document.getElementById("nian");
    var yueObj=document.getElementById("yue");
    var shijianObj=document.getElementById("shijian");
}
</script>
```

要在页面中显示时间，只需要把 HTML 结构里对应的标签内容替换为 JS 获取的系统时间即可。修改 showLoacalTime 函数代码如下：

```
<script type="text/javascript">
function showLocalTime(){
    ……
    xqObj.innerHTML = day ；    // 显示星期
    riqiObj.innerHTML = date ；  // 显示日期
    nianObj.innerHTML = year ；  // 显示年份
    yueObj.innerHTML = month ；  // 显示月份
    shijianObj.innerHTML = hour+":"+minute+":"+second;  // 显示时分秒
}
```

在电子时钟 HTML 后加入 JS 调用语句，调用 showLoacalTime 函数：

```
<div id="shizhong">
    <h1  id="xq">Wednesday</h1>
    <h2  id="riqi">30</h2>
    <h3>
        <span  id="nian">2008</span>.<span  id="yue">Feb</span>
        <span  id="shijian">12:30</span>
    </h3>
</div>
<script type="text/javascript">
    showLocalTime( ); // 调用
</script>
```

浏览器打开页面后，就会看到当前的时间显示在页面上。

任务 4 时间走动

要让页面上的时间走动起来，需要利用 JS 里面的计时器 setInterval 每隔 1 秒调用一次 showLoacalTime 函数。每次调用 showLoacalTime 函数就修改一次页面上的显示时间。

修改调用 JS 代码如下：

```
<div id="shizhong">
    <h1    id="xq">Wednesday</h1>
    <h2    id="riqi">30</h2>
    <h3>
        <span  id="nian">2014</span>.<span  id="yue">Oct</span>
```

```
        <span  id="shijian">12:30</span>
    </h3>
</div>
<script type="text/javascript">
 var    mySet = setInterval(function( ){
        showLocalTime( );
 },1000);
</script>
```

5.4　知识小结

5.4.1 Date 对象

Date 的中文意思是"日期"，创建 Date 对象的语法：

var　now =new　Date( );

Date 对象的创立要使用关键字 new, new Date( ) 会自动把当前日期和时间保存为其初始值。创建的 Date 对象，存储在变量中，该变量就成了 Date 变量，并包含了 Date 对象所存储的时间和日期数据。

要获取系统的具体时间，就要利用 Date 对象的方法，从 Date 变量里依次获取对应的时间。例如：

var　now = new Date();　// 创建一个 Date 对象

var　year = now.getFullYear();　// 获取 Date 对象的年份

var　month = now.getMonth()+1;　// 获取 Date 对象的月份, 0 ~ 11

var　date = now.getDate();　// 获取 Date 对象的日期

switch(day){

   case 0:day=" 日 ";

      break;

   case 1:day=" 一 ";

      break;

   case 2:day=" 二 ";

      break;

   case 3:day=" 三 ";

      break;

   case 4:day=" 四 ";

      break;

```
            case 5:day=" 五 ";
                        break;
            case 6:day=" 六 ";
                        break;
            default:brea;
    }
var    day = now.getDay();  // 获取 Date 对象的星期, 0 ~ 6
var    hour = now.getHours();  // 获取 Date 对象的小时
var    minute = now.getMinutes();  // 获取 Date 对象的分钟
var    second = now.getSeconds();  // 获取 Date 对象的秒
```

温馨贴士 》》

在 "年、月、日、星期、时、分、秒" 这些常用的时间中, getMonth() 获取的是系统时间中的月份, 不过得到的值是 0 ~ 11。要表示生活中的月份, 还要加 1。

而 getDay() 获取的星期值是 0 ~ 6。其中 0 代表星期日,1 代表星期一,依次类推。

Date 对象实际是一个长整型,它代表了当前时刻距离格林尼治时间 1970 年 1 月 1 日凌晨 0 点 0 分 0 秒的毫秒数。Date 对象中的各个方法就是根据该毫秒数换算得出当前时区的当前时间。

Date 对象的常用方法见表 5.2。

表 5.2   Date 对象常用方法

方　　法	描　　述
getDate()	从 Date 对象返回一个月中的某一天 (1 ~ 31)
getDay()	从 Date 对象返回一周中的某一天 (0 ~ 6)
getMonth()	从 Date 对象返回月份 (0 ~ 11)
getFullYear()	从 Date 对象以四位数字返回年份
getHours()	返回 Date 对象的小时 (0 ~ 23)
getMinutes()	返回 Date 对象的分钟 (0 ~ 59)
getSeconds()	返回 Date 对象的秒数 (0 ~ 59)
getMilliseconds()	返回 Date 对象的毫秒 (0 ~ 999)
getTime()	返回 1970 年 1 月 1 日至今的毫秒数
setDate()	设置 Date 对象中月的某一天 (1 ~ 31)

方　法	描　述
setMonth()	设置 Date 对象中月份 (0 ~ 11)
setFullYear()	设置 Date 对象中的年份（四位数字）
setHours()	设置 Date 对象中的小时 (0 ~ 23)
setMinutes()	设置 Date 对象中的分钟 (0 ~ 59)
setSeconds()	设置 Date 对象中的秒钟 (0 ~ 59)
setMilliseconds()	设置 Date 对象中的毫秒 (0 ~ 999)
setTime()	以毫秒设置 Date 对象
toSource()	返回该对象的源代码
toString()	把 Date 对象转换为字符串
toTimeString()	把 Date 对象的时间部分转换为字符串
toDateString()	把 Date 对象的日期部分转换为字符串

5.4.2　innerHTML 属性

几乎所有的 HTML 标签都有 innerHTML 属性，它是一个字符串，用来设置或获取位于对象起始和结束标签内的 HTML（获取 HTML 当前标签的起始和结束里的内容）。

获取标签的 innerHTML 时，如果标签中又包含其他的标签，那么其他标签的符号将作为普通文本获取；设置标签的 innerHTML 时，如果设置的内容包含其他标签，那么在页面显示的时候，其他标签就以正常 HTML 形式显示内容。

例如：

```
<div id="innerTestDiv">
    我是 div 中的内容
    <span style="border:solid 2px #F00"> 我是 span 中的内容 </span>
</div>
    <input   onClick="showInner()" type="button" value=" 点我显示 div 里面的内容 " />
    <input   onClick="changeInner('<h1> 我被改变了</h1>')" type="button" value=" 点我
改变 div 里面的内容 " />
<script  type="text/javascript">
    function showInner(){
        var testDiv=document.getElementById("innerTestDiv");
        alert(testDiv.innerHTML);
```

```
        }
    function   changeInner(t){
            var testDiv=document.getElementById("innerTestDiv");
            testDiv.innerHTML = t;
        }
    </script>
```

5.4.3 计时器: setInterval

计时器 setInterval 的主要功能是按照指定的周期（单位: 毫秒）来重复调用函数或计算表达。它的返回值是一个计时器 id。改方法属于 window 对象, 其格式如下:

var mySet = setInterval("表达式或函数", 间隔时间);

如果周期调用的代码内容较多, 那么 setInterval 格式也可以写为:

var mySet = setInterval(function(){

　// 代码写在这里

}, 间隔时间);

间隔时间是以毫秒为单位, 如 1 000, 则是指 1 000 毫秒, 也就是 1 秒钟。

把 seInterval 的返回值存储在变量 mySet 中, 变量 mySet 就是计时器的 id。通过函数 clearInterval() , 可以清除 setInterval 的周期调用代码的进程, 从而终止代码的重复调用, 如:

clearInterval(mySet) ;

/* 清除计时器。则 mySet 所存储的 setInterval 函数就不再发生作用 */

例如:

每隔 1 秒, 我就增加 1: <span id="num">0</span>

```
 <p>
        <input type="button" value=" 点我停止计数 " onclick = "qingchu()" />
</p>
<script type="text/javascript">
    var i=0; // 初始计数
    function jia(){
        i++; // 变量加 1
        document.getElementById("num").innerHTML = i;
        // 加 1 后的变量显示出来
    }
    var mySet = setInterval(function(){
```

```
        jia();
    },1000); // 每隔 1 秒调用依次 jia() 函数
    function qingchu(){
        clearInterval(mySet); // 清除计时器, 函数 jia() 不再被重复执行
    }
</script>
```

5.5　知识拓展

5.5.1　函数延迟调用：setTimeout

延迟函数 setTimeout 的中文意思是"设置超时", 它的作用是延迟指定的毫秒数后执行指定的代码, 其语法格式跟 setInterval 非常类似。

语法规则：

var myTimeout = setTimeout("表达式或函数", 延迟时间);

如果延迟调用的代码较多, setTimeout 可以写为：

var myTimeout = setTimeout(function(){

　　// 代码写在这里

}, 延迟时间);

其中的延迟时间是指延迟执行代码的时间（以毫秒为单位）。

setTimeout 方法会返回一个 id 标志, 每次调用 setTimeout 函数都会产生一个唯一的 id, 可以通过 clearTimeout（此方法的参数接收一个 setTimeout 返回的 id）暂停 setTimeout 函数还未执行的代码。

例如：

```
<html>
<head>
<meta charset="utf-8">
<script type="text/javascript">
    var  t = null;
    function timedMsg()
    {
    t=setTimeout(function(){
        alert("5 秒时间到了！ ");
    },5000)
    }
```

```
    timedMsg();
</script>
</head>
<body>
    <p>5 秒后弹出警告框 </p>
<input type="button"  value=" 点击取消延迟执行代码 "onclick="clearTimeout(t)">
</body>
</html>
```

虽然延迟调用函数 setTimeout() 只执行一次代码。但是，如果 setTimeout 函数内部再次调用 setTimeout，那么 setTimeout 可以实现跟 setInterval 一样的周期调用代码的功能。

例如：

```
<html>
<head>
<meta charset="utf-8">
<script type="text/javascript">
var  c = 0 ;
var  t ;
function timedCount()
{
    document.getElementById('txt').value = c
    c = c+1
    t = setTimeout(function(){
        timedCount() ;
    },1000) ;
    // 函数内部利用 setTimeout,再次调用自己, 以达到周期调用函数的目的
}
</script>
</head>
<body>
<input type="text" id="txt">
<input type="button" value=" 开始计时！" onClick="timedCount()">
<p> 请点击上面的按钮。输入框会从 0 开始一直进行计时。</p>
</body>
</html>
```

5.5.2 选择流程语句：switch

在写 Javascript 时，常会遇到多个条件判断，如果用 if 来实现会非常麻烦，这时可以使用 switch 语句，它的语法格式是：

```
switch(n)
  {
  case 1:
    语句段 1
    break;
  case 2:
    语句段 2
    break;
      ……
  default:
    n 与 case 1 ~ case X 不相同时，执行的代码
  }
```

Swtich 语句首先设置表达式 n（通常是一个变量）。随后表达式的值会与结构中的每个 case 的值作比较。如果存在匹配，则与该 case 关联的代码块会被执行。可以使用 break 阻止代码自动地向下一个 case 运行。

通常情况下，switch 用于表达式（变量）n 的值仅有几个固定结果。比如本学习情境中的星期，就只有 0 ~ 6 的结果。那么可以使用 switch 语句把数字的星期转换为中文的星期。代码如下：

```
var day = now.getDay();  // 获取 Date 对象的星期 *
switch(day){
        case 0:
            day = " 星期天 ";
            break;
        case 1:
            day = " 星期一 ";
            break;
        case 2:
            day = " 星期二 ";
            break;
        case 3:
            day = " 星期三 ";
```

```
        break;
    case 4:
        day = " 星期四 ";
        break;
    case 5:
        day = " 星期五 ";
        break;
    case 6:
        day = " 星期六 ";
        break;
    default:
        day = " 星期出错 ";
}
```

5.6 能力拓展

5.6.1 双位数显示时间

页面上显示电子时钟时，当时间只有个位数值时，是用以 "0" 开头的双位数表示。如 1 分钟时，显示的是 "01" 分钟。

要以双位数显示个位数据，首先要判断数值是否是 10 以下的数据，如果数值是 10 以下的数据，就在数据前方以字符串 "0" 填充。代码如下（以日期为例）：

var date = now.getDate(); // 获取 Date 对象的日期

if(date<10){

    date = "0"+date ;

}

字符串 "0" 和数值相加，会把两个数据都转换为字符串，然后再把它们作简单的 "拼接" 得到一个新的字符串。因此，就会看到 10 以下的数值也会以双位数的形态出现。

5.6.2 计算时间间距

时间 Date() 对象，除了可以用于显示当前时间外，还可以用于计算时间间距。时间间距的计算，一般是指当前时间与某个特定时间的相距有 "? 天? 时? 分? 秒"。这个特定的时间可以是过去的时间点，也可以是将来的某个时间点。

当前时间可以使用：

```
var now=new  Date( );
```

特定的时间点则可以使用以下格式来确定:

```
var timer=new  Date( 年, 月, 日, 时, 分, 秒 );
```

其中, "月" 要比实际的 "月" 少 1, 因为计算机的 "月" 是从 0 开始的。

假如要使用函数计算汶川大地震距离现在过去了多少时间, 就需要用变量存储获取 "现在" 和 "汶川地震的时间"（2008 年 5 月 12 日 14 时 28 分 04 秒）, 代码如下:

```
function daojishi( ){
    var dizhen = new Date(2008,5,12,14,28,4) ;
    var now= new Date( );
}
```

然后计算这两个时间的时间差。时间差的计算, 只有使用时间对象的 getTme() 函数分别计算两个时间点与 1970 年 1 月 1 日相距了多少毫秒后, 再来计算两个时间点的时间差。修改 daojishi() 函数如下:

```
function daojishi( ){
    var dizhen = new Date(2008,5,12,14,28,4) ;
    var now= new Date( );
    var dis= Math.floor( Math.abs(dizhen.getTime()-now.getTime() ) /1000);
}
```

变量 dis 存储的就是两个时间点相距的时间差（秒为单位）。然后只需要把 dis 存储的时间转换为 "天、时、分、秒" 即可。代码如下:

```
function daojishi( ){
    var dizhen = new Date(2008,5,12,14,28,4) ;
    var now= new Date( );
    var dis= Math.floor( Math.abs(dizhen.getTime()–now.getTime() ) /1000);
    var miao= dis%60;  // 获取秒
    var tian=Math.floor(dis/(60*60*24));  // 获取天
    var xs=Math.floor(dis%(60*60*24)/(60*60));  // 获取小时
    var fz=Math.floor((dis%(24*60*60)-xs*60*60)/60);  // 获取分钟
}
```

把获取的 "天、时、分、秒" 显示出来:

```
function daojishi( ){
    var dizhen = new Date(2008,5,12,14,28,4) ;
    var now= new Date( );
    var dis= Math.floor( Math.abs(dizhen.getTime()–now.getTime() ) /1000);
```

```
var miao= dis%60;  // 获取秒
var tian=Math.floor(dis/(60*60*24)); // 获取天
var xs=Math.floor(dis%(60*60*24)/(60*60)); // 获取小时
var fz=Math.floor((dis%(24*60*60)-xs*60*60)/60); // 获取分钟
document.getElementById("tian").innerHTML=tian;
document.getElementById("xs").innerHTML=xs;
document.getElementById("fz").innerHTML=fz;
document.getElementById("miao").innerHTML=miao;
}
```

利用计时器，周期调用函数 daojishi()，让时间走动，代码如下：

```
var mySet = setInterval(function(){
    daojishi( );
},1000);
```

通过上述代码就可以看到现在与“汶川大地震”的时间间距，并随着时间的流逝，这个间距也在一秒一秒的不断增加。

5.7　思考与练习

（1）请说出 setInterval 和 setTimeout 的异同。

（2）Date 对象 getMonth() 函数获取的值的范围是从 ＿＿＿＿ 到＿＿＿＿。

（3）Date 对象 getDay() 函数获取的值的范围是从 ＿＿＿＿ 到 ＿＿＿＿。

（4）Date 对象 getTime() 函数获取的是值是时间对象与 ＿＿＿ 年 ＿＿＿ 月 ＿＿＿ 日相隔的时间毫秒数。

（5）在电子时钟的基础上实现在线提醒效果。

要求：在页面显示一个从 10 开始的倒计时。当 10 秒后，则弹出提示框“时间已过 10s”，并停止倒计时。

学习情境 6 | 选项卡

6.1　任务引入

选项卡是页面中非常常见的一种特效。它可以节约宝贵的页面空间，同时又能增加页面的交互性。所以，现在很多网站都会用到选项卡结构，其效果如图 6.1 所示。

图 6.1　某网站上的选项卡效果

6.2　任务分析

6.2.1　任务目标

本学习情境是制作一个选项卡效果，当用户点击标题后，被点击的标题突出显示，而其他标题弱化显示；同时，被点击标题的内容出现，而其他标题对应的内容则隐藏起来，效果如图 6.2 所示。

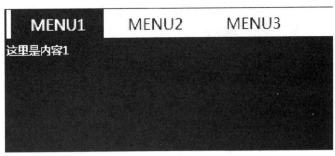

图 6.2　选项卡基本效果

通过本学习情境的学习，读者应达到如下目标：

- 了解选项卡结构相关样式和结构；
- 了解 JS 中的查找节点的方式；

- 掌握 JS 修改标签样式的方法;
- 掌握 JS 获取标签自定义属性的方法;
- 掌握 JS 中的 for 语句。

6.2.2 设计思路

要实现选项卡效果,关键是标题样式的变换,以及标题和内容的联动。因此,将本学习情境分成以下几个任务:

☆**任务1:** 选项卡结构布局。

☆**任务2:** 获取选项卡标签(重点)。

☆**任务3:** 修改标签样式(重点)。

☆**任务4:** 关联选项卡所选标签和对应的内容(重点)。

6.3 任务实施

任务1 选项卡结构布局

选项卡的布局首先要分为选项卡标题和选项卡内容两部分,并且标题和内容的顺序要一致。

因此,选项卡标题可能会有多个,可以用 <ul> 标签制作标题部分。代码如下:

```
<div class="xxk"  id="tab1">
    <!-- 标题部分 -->
    <ul  class="xxk_bt">
      <li  class="on"><span>MENU1</span></li>
      <li><span>MENU2</span></li>
      <li><span>MENU3</span></li>
    </ul>
    <!-- 标题部分 结束 -->
</div>
```

因为,当前选中标题和其他标题的样式是不一样的,所以要给当前的标题添加一个独有的 class 来突出它。刚开始的时候,显示的是第一个标题,所以这个 class 一开始加在第一个 <li> 标签上。

选项卡的内容部分紧跟选项卡的标题,并且内容部分的顺序和标题的顺序要保持一致。

因为，一开始只显示第一个内容部分。所以，其他的内容要添加一个标志隐藏的类"yincang"。代码如下：

```
<div class="xxk"  id="tab1">
            ……标题部分省略……
        <!-- 内容部分 1-->
        <div class="nr xianshi"> 这里是内容 1 </div>
        <!-- 内容部分 1 结束 -->
        <!-- 内容部分 2-->
        <div class="nr yincang"> 这里是内容 2 </div>
        <!-- 内容部分 2 结束 -->
        <!-- 内容部分 3-->
        <div class="nr yincang"> 这里是内容 3 </div>
        <!-- 内容部分 3 结束 -->
</div>
```

选项卡关键样式如下：

```
.xxk{
    width:600px;
    height:400px;
    border:2px #000 solid;
}
.xxk_bt{
    width:600px;
    height:30px;
    font-size:16px;
}
. xxk_bt  li{
    float:left;
    display:inline;
    line-height:30px;
    width:100px;
    height:30px;
    background:#09C;
    margin-left:5px;
    cursor:pointer;
```

```
    }
    .xxk_bt .on{
        background:#033;
        color:#FFF;
    }
    .nr{
        text-align:left;
        background:#033;
        color:#FFF;
        line-height:24px;
        height:370px;
    }
    .xianshi{ display:block;}
    .yincang{ display:none;}
```

任务 2 获取选项卡标签

在本任务中发现，当点击模块选项时需要获取该对象用来修改其样式。由前面所学可知。在事件响应函数中，this 表示接受事件的"这个" HTML 标签。因此可以在每个模块选项对象中设置事件响应函数，用 this 关键字来表示该对象。在 <head> 标签中，插入代码如下：

```
<link rel="stylesheet" type="text/css" href="css/style.css"/>
<script type="text/javascript">
    function change(clickObj){
    }
</script>
```

在作为模块选项对象的 div 对象中设置鼠标单击事件的响应函数调用，代码如下：

```
<ul class="xxk_bt">
    <li class="on" onclick="change(this)"><span>MENU1</span></li>
    <li onclick="change(this)"><span>MENU2</span></li>
    <li onclick="change(this)"><span>MENU3</span></li>
</ul>
```

从页面结构和对特效的分析中可以看到，在所有作为模块选项对象的 ul 标签中，只有一个 li 子标签是选中状态，而该标签所使用的样式和其他标签的样式不同（其他标签没有特定 class，而该标签的 class 是 on）。因此只要找到 class 是 on 的标签就找到了之前选中的项目标签。

所有作为模块选项的 li 标签都是 ul 的子标签,且 ul 标签中只有这些作为选项标签的 li 子标签。

可以使用 children 来获得这些子标签集合,代码如下:

```
<script type="text/javascript">
  function change(clickObj){
        var tabObjs=document.getElementById("tabUl").children;
  }
</script>
  ......
<div class="xxk" id="tab1">
  <!-- 标题部分 -->
  <ul class="xxk_bt" id="tabUl">
    <li class="on" onclick="change(this)">
    <span>MENU1</span>
  </li>
  <li onclick="change(this)"> <span>MENU2</span> </li>
  <li onclick="change(this)"> <span>MENU3</span> </li>
</ul>
  <!-- 标题部分 结束 -->
</div>
```

任务 3 修改标签样式

当找到之前选中的对象后,就可以把该对象的样式去掉,代码如下:

```
<script type="text/javascript">
  function change(clickObj){
        var tabObjs=document.getElementById("tabUl").children;
        for(var i=0;i<tabObjs.length;i++){
              if(tabObjs[i].className=="on"){
                    tabObjs[i].className="";
              }
        }
  }
</script>
<div class="xxk" id="tab1">
```

```
<!-- 标题部分 -->
<ul  class="xxk_bt"  id="tabUl">
    <li  class="on"  onclick="change(this)">
        <span>MENU1</span>
    </li>
    <li onclick="change(this)"><span>MENU2</span></li>
    <li onclick="change(this)"><span>MENU3</span></li>
</ul>
<!—标题部分 结束 -->
</div>
```

在调用该函数时就将当前点击的标签以参数形式传入函数, 在设置了之前选中的标签为未选中后, 就可以将当前选中标签的样式设置为选中, 代码如下:

```
<script language="javascript">
    function change(clickObj){
        var tabObjs=document.getElementById("tabUl").children;
        for(var i=0;i<tabObjs.length;i++){
            if(tabObjs[i].className=="on"){
                tabObjs[i].className="";
            }
        }
        clickObj.className="on";
    }
</script>
```

任务 4 关联选项卡所选标签和对应的内容

进一步分析这个特效,会发现: 当选中某个 li 标签时,ul 标签下方对应的内容框也会变化。

要做到这点, 可以给 li 标签加上一个自己定义的属性 contentObjId, 在 contentObjId 中设置标签对应的内容标签的 id。同时在内容标签中加入 id 属性, 代码如下:

```
<div  class="xxk"  id="tab1">
 <!-- 标题部分 -->
 <ul  class="xxk_bt" id="tabUl">
    <li class="on" onclick="change(this)" contentObjId="neirong1">
        <span>MENU1</span>
```

```
        </li>
        <li onclick="change(this)" contentObjId="neirong2">
            <span>MENU2</span>
        </li>
        <li onclick="change(this)" contentObjId="neirong3">
            <span>MENU3</span>
        </li>
    </ul>
<!-- 标题部分 结束 -->
        <!-- 内容部分 1-->
        <div id="neirong1" class="nr xianshi">
                这里是内容 1
        </div>
        <!-- 内容部分 1 结束 -->
        <!-- 内容部分 2-->
        <div id="neirong2" class="nr yincang">
                这里是内容 2
        </div>
        <!-- 内容部分 2 结束 -->
        <!-- 内容部分 3-->
        <div id="neirong3" class="nr yincang">
                这里是内容 3
        </div>
        <!-- 内容部分 3 结束 -->
</div>
```

接下来就是获得之前选中的标签和现在选中的标签分别对应的内容标签，并修改它们的样式，代码如下：

```
<script type="text/javascript">
function change(clickObj){
    var tabObjs=document.getElementById("tabUl").children;
    for(var i=0;i<tabObjs.length;i++){
        if(tabObjs[i].className=="on"){
            tabObjs[i].className="";
            var currContentId=tabObjs[i] .getAttribute("contentObjId");
```

```
        document.getElementById(currContentId).className="nr yincang";
    }
}
clickObj.className="on";
var nowContentId=clickObj .getAttribute("contentObjId");
document.getElementById(nowContentId).className="nr xianshi";
}
</script>
</head>
```

6.4　知识小结

本学习情境内容的制作思路总结如下：

（1）如何获取当前点击项目和之前的选中标签？

点击标签时使用 this 获取被点击的标签；根据标签的 class 查询之前选中的标签。

（2）如何修改当前点击标签为选中样式，并修改之前的选中标签样式为未选中？

通过对 className 赋值来改变标签样式。

（3）如何关联和控制点选标签所对应的内容标签？

使用标签的自定义属性，在点击标签中用自定义属性存放关联标签的 id。

6.4.1　关键字：this

this 是 JS 的一个关键字，根据函数使用场合的不同，this 的值会发生变化。但总的原则是 this 指的是调用函数的那个对象。例如：

```
var x = 1;
function test() {
    alert(this.x);
}
test();//1
var x = 1;
function test() {
    this.x = 0;   // 其实这里的 this 就是全局变量。
}
test();
alert(x);//0
```

```
            obj.clickCount = '1';
    }else{
            obj.disabled = true;
        }
    }
```

上面的代码在 FireFox 下将失效,因为 FireFox 对自定义属性的使用限制更高,只能使用 attributes[] 集合来访问,FireFox 下的代码:

```
function customAttributeDemo(obj){
    if (obj.attributes['clickCount'].nodeValue === '0'){
        obj.attributes['clickCount'].nodeValue = '1';
    }else{
            obj.disabled = true;
        }
    }
```

上面的代码,也适用于 IE,所以这个代码是具有兼容性的代码。下面是使用 getAttribute 和 setAttribute 的方法:

```
function customAttributeDemo(obj){
    if (obj.getAttribute('clickCount') === '0'){
            obj.setAttribute('clickCount', '1');
    }else{
    obj.disabled = true;
    }
}
```

6.5 知识拓展

6.5.1 childNodes 与 children

childNodes 获取作为指定对象直接后代的 HTML 元素和文本节点对象的集合。

children 获取作为对象直接后代的 DHTML 对象的集合。

虽然都是表示对象的子节点,但是 childNodes 才是标准的 HTML 节点属性。不过,随着浏览器的进步,现在的主流浏览器对它们都能够支持。

6.5.2 循环语句：for 语句

for 语句是 JS 中的循环语句，经常用这个语句对数据进行遍历。格式如下：

for (变量 = 开始值 ; 变量 <= 结束值 ; 变量 = 变量 + 步进值)

　　{

　　需执行的代码

　　}

前面的例子定义了一个循环程序，程序中 i 的起始值为 0。每执行一次循环，i 的值就会累加一次，循环会一直运行下去，直到 i 等于 10 为止。代码如下：

```html
<html>
<body>
<script type="text/java script">
    var i=0
    for (i=0;i<=10;i )
    {
        document.write("The number is " i)
        document.write("<br />")
    }
</script>
</body>
</html>
```

6.6　能力拓展

自定义属性兼容性

标签自定义属性比较实用。但是，在firefox下无法通过"标签.属性名"获得这些自定义属性，只能使用"标签.getAttribute(属性名)"获取。请看示例：

```javascript
<script type="text/javascript">
function  showInfo(clickObj){
    /*IE 能够识别的写法 */
    alert(" 学校名："+clickObj. uniName+" 课程名："+clickObj. courseName);
    /*firefox 和 IE 都能够识别的写法 */
    alert(" 学校名："+clickObj. getAttribute("uniName")+"; 课程名："+clickObj. getAttribute
("courseName"));
```

```
}
</script>
<a id="a"href="http://www.zdsoft.cn" uniName=" 重庆正大软件职业技术学院 "course
Name="Javascript 特效实战 "onclick="showInfo(this)"> 我的自定义属性测试 </a>
```

所以，从兼容性方面考虑，对于常规属性，统一使用"标签 . 属性名"读取；对于自定义属性，统一使用"标签 .getAttribute(属性名)"读取。

6.7　思考与练习

按要求修改选项卡效果。

要求：当鼠标移开选项卡标签时，如果鼠标停在该选项卡关联的内容标签上，则不作改变；如果鼠标停在另一个选项卡标签中，则要进行样式切换；如果鼠标停在其他地方，则所有选项卡都不是选中的，所关联的所有内容标签都不显示。

学习情境7 | 无缝滚动

7.1 任务引入

滚动效果是网页中常见的一种效果。HTML自带的标签中就有专门表示滚动的标签<marquee>。marquee标签可以很轻松地实现页面中文字或者图片的滚动。格式如下：

<marquee>

//这个是HTML自带的滚动标签marqee。默认向左滚动。

</marquee>

但是，marquee标签有个致命的缺陷——滚动中会有空白出现。这些空白会让网页的效果大打折扣，因此<marquee>标签现在已经逐渐淡出人们的视线，处于被淘汰的境地。

页面中没有缝隙（空白）的滚动效果，称为"无缝滚动"，需要借助JS来实现这个效果。

很多网站喜欢使用无缝滚动的图片或者文字来突显内容，吸引浏览者的目光。特别是一些企业网站的产品展示、人物介绍或者新闻公告部分，更是经常使用滚动特效。

滚动一般会朝向两个方向进行，一个是向左，另一个是向上，如图7.1所示。

产品展示

产品名称

产品名称

产品名称

图7.1　某网站产品展示（向左无缝滚动）

如果没有特殊的要求：水平滚动一般是向左滚动，垂直滚动一般是向上滚动。这样比较符合人们"从左到右，从上到下"的阅读习惯。

7.2 任务分析

7.2.1 任务目标

本学习情境是制作网站的滚动公告。在鼠标没有触碰公告的时候，公告默认是向上无

```
        margin-right:auto;
    }
```

从图7.2可知,公告的内容距离板块左、下、右分别是20 px,距离顶部为40 px。在板块的宽高值固定的情况下,内容的宽高值也应该固定下来。设置公告内容样式如下:

```
#gg_nr{
    width:330px;
    height:200px;
    margin-top:50px;
    margin-left:20px;
     overflow:hidden;
}
```

公告在向上无缝滚动的过程中,总有一部分内容会超出框架范围之外,而这部分内容会变为隐藏。因此在设定好内容部分的宽高值之后,"超出隐藏overflow:hidden"的CSS属性的添加是必须的。这个属性也可以说是无缝滚动特效的关键属性。

设定好样式后的公告板块效果如图7.4所示。

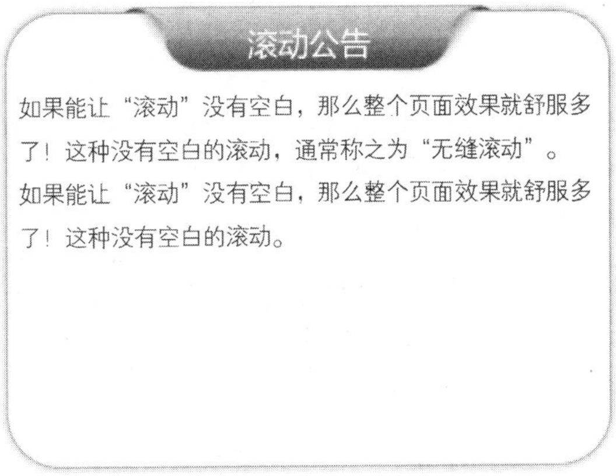

图7.4　公告板块整体样式效果

任务2 实现公告的无缝向上滚动

无缝滚动的最大特色是能长久地滚动下去,像是一个无限循环。当然,实际上循环是不可能无限的,只是通过一定的手段,"蒙蔽"了浏览者的眼睛。

为了达到目的,采用了两块一样的内容。通过两块内容的循环出现来模拟无限滚动。

一块内容在上,一块内容在下,分别用两个id标志它,"p1"和"p2"。

修正HTML结构如下:

```
<!--公告板块-->
```

```
<div id="gonggao">
        <!--公告内容-->
        <div id="gg_nr">
                <div id="p1">
                        <p>
                            ....
                        </p>
                        <p>
                            ...
                        </p>
                </div>
                <div id="p2">
                </div>
        </div>
        <!--公告内容 结束-->
</div>
<!--公告板块 结束-->
```

在HTML里, 每个成对的标签, 比如<div>标签,都有一个属性 scrollTop, 它是用来表示内容向上滚动的距离（以像素px为单位）, 如图7.5所示。

图 7.5   scrollTop 属性实例

先让公告内容滚动一点。添加如下JS代码在公告滚动结构的后面:

```
<!-- 公告板块-->
<div id="gonggao">
        <!--公告内容-->
        <div id="gg_nr">
        ……省略代码……
        </div>
        <!--公告内容 结束-->
```

```
    </div>
<!-- 公告板块结束 -->
<script type="text/javascript">
        var area=document.getElementById("gg_nr");
    /*
    获取滚动区域,也就是公告的内容部分div的id。用变量area来表示它。
  */
        area.scrollTop=10;
      /*让公告内容向上滚动10个像素 */
</script>
```

将JS代码写在HTML结构的后面,是因为JS代码要直接获取HTML结构中<div>标签的id。如果JS代码写在HTML结构前面,当JS代码运行的时候,HTML结构还没出现,JS会获取不到<div>标签的id,就会报错,并且不能顺利执行JS代码。

增加公告内容,直到公告内容大大超出了内容<div>标签的范围。这时,可以看到scrollTop属性发生作用,内容向上滚动了10 px。

要让公告不停滚动,就要用到JS内置的计时器(setInterval 或者 setTimeout均可)。

增加一个变量,命名为dis,用来表示滚动的距离。再自定义一个函数,用它来让变量dis的值不停变大,把这个变大的dis值赋给内容的scrollTop属性(内容就向上滚动得越多)。

修改JS代码如下:

```
<!-- 公告板块-->
<div id="gonggao">
        <!--公告内容-->
        <div id="gg_nr">
……省略代码……
    </div>
    <!--公告内容 结束-->
</div>
<!-- 公告板块结束 -->
<script type="text/javascript">
        var area=document.getElementById("gg_nr");
    /*获取滚动区域,也就是公告的内容部分div的id。用变量area来表示它。*/
    var dis=0;
    /* dis表示内容滚动的距离。一开始没有滚动,就让它的值为0 */
  function goUp(){
```

```
        dis++;
           //dis的值增加
      area.scrollTop=dis;
           //公告内容的滚动距离也在增加
   }
   var myset=setInterval("goUp()",50);
           //每50毫秒就执行一下goUp函数
</script>
```

当内容全部滚动完毕后，正常情况下，滚动会自动停止，依然达不到循环滚动的目的。需要让内容不停滚动，修改JS代码如下：

```
<!-- 公告板块-->
<div id="gonggao">
    <!--公告内容-->
    <div id="gg_nr">
……省略代码……
    </div>
    <!--公告内容 结束-->
</div>
<!-- 公告板块结束 -->
<script type="text/javascript">
        var area=document.getElementById("gg_nr");
        /*获取滚动区域，也就是公告的内容部分div的id。用变量area来表示它。*/
      var dis=0;
        /* dis表示内容滚动的距离。一开始没有滚动，就让它的值为0*/
   var p1=document.getElementById("p1");
      var p2=document.getElementById("p2");
      if(area.offsetHeight<=p1.offsetHeight){
            //当p1的内容超过了滚动区域area的高的时候，
            p2.innerHTML=p1.innerHTML;
            //就要让p2的内容跟p1一模一样（为循环滚动作好准备）。
      }
      function goUp(){
            area.scrollTop++;
            if(area.scrollTop>=p1.offsetHeight){
```

```
                     //当p1刚好超出滚动区域area的时候,
                 area.scrollTop=0;
                     //就立马让p1又退回到滚动区域内
             }
     }
     var myset=setInterval("goUp()",50);
     //每50毫秒就执行一下goUp函数。
</script>
```

任务3 鼠标控制无缝滚动的暂停与开始

公告实现了无缝滚动,但是公告不停地滚动,就不利于阅读了。一般情况下,把鼠标移到公告内容上时,公告停止滚动;而鼠标移开,公告则继续滚动。

(1)实现前半部分的功能,需要JS里面的onmouseover事件。公告能自动滚动是因为setInterva函数的作用;要想滚动停止,需要清除setInterval的变量。

添加JS代码如下:

```
<script type="text/javascript">
……省略之前的代码……
    area.onmouseover=function(){
         clearInterval(myset);
         //鼠标放到滚动区域上,清除定时器——停止滚动
         }
</script>
```

(2)实现后半部分的功能,需要JS里面的onmouseout事件。让滚动继续就是恢复setInterval函数。

添加JS代码如下:

```
area.onmouseout=function(){
         myset=setInterval("goUp()",50);
         //鼠标离开滚动区域,定时器又开始工作——继续滚动

}
```

要恢复setInterval函数,千万不要忘记变量的添加,且变量名要与前面保持一致,否则后面就无法再次停止滚动了。

7.4　知识小结

本学习情境内容的制作思路总结如下：

（1）如何实现公告的滚动？

不停增加公告内容div的scrollTop属性。

（2）如何实现公告的循环滚动？

利用人类的视觉停留特性，用JS制作两个相同的公告内容div，当第一个div刚好滚动出视窗div时就将scrollTop重置，如此反复。

7.4.1　滚动原理

无缝滚动不是真正的无限滚动，而是使用两块一模一样的内容交替出现，模拟无限滚动。滚动原理示例如下：

（1）当"内容1"的高度超过了滚动区域的高度时，就让"内容2"出现，并且让"内容2"和"内容1"一模一样。反之，当"内容1"高度没有超过滚动区域高度时，"内容2"是不需要出现的，因为这个时候也不需要滚动。

（2）当"内容1"刚好移出到滚动区域外的时候，此刻的"内容2"顶部刚好抵达滚动区域的顶部。这时，让内容部分退回到最开始的状态。而由于"内容1"与"内容2"完全一样，浏览者是看不出它们的差异的——就这样，两块内容模拟了无限的循环滚动。

另外，本例中的公告内容只有几行文字，已经全部出现在公告中。在实际的操作中并不需要滚动。滚动的意义就在于让浏览者看到被滚动区域隐藏的内容。

7.4.2　offsetHeight属性

要知道内容板块以及"内容1"的高度，用JS获取的是标签的offsetHeight属性。offsetHeight是JS获取HTML标签高度的方法。很多人会误用height，height是CSS里表示标签高度的属性；或者是HTML标签的内嵌属性。但是，很多标签的高度是不会写出来的，因为根本无法确定标签的具体高度。所以，使用offsetHeight是最好的方法。

让"内容2"与"内容1"的内容保持一致，采用的是标签的innerHTML属性。innerHTML属性表示的就是双标签之间（inner）的一切HTML结构和内容。

7.5　知识拓展

7.5.1　innerHTML属性

innerHTML，顾名思义，字面意思是"里面的HTML内容"。

HTML中凡是成对出现的标签都有这个属性。往往跟document.getElementById("id"), 结合起来使用。Id.innerHTML表示的是某标签里面的内容。

例如:

```
<span id="myid">
    //这个是span的内容
</span>
<script type="text/javascript">
    var myid = document.getElementById("myid");
    myid.innerHTML = "修改后的内容";
</script>
```

代码运行后, span的内容会变成"修改后的内容"。

同时, innerHTML自带有语法检查功能, 会自动把不完整的HTML标签补充完整。例如:

```
<div id="AlbumList"></div>
<script type="text/javascript">
    var myDiv = document.getElementById("AlbumList");
    myDiv.innerHTML="<table><tr>";
    alert(myDiv.innerHTML);
</script>
```

本来<div>标签里是没有表格的, innerHTML给它添加了<table>的头标签, 但是没有尾标签</table>。在alert输出<div>标签内容的时候, 却会看到完整的<table>标签。这是因为, innerHTML会自动把代码中的<table>标签补充完整。

所以在实际项目当中, 经常这样使用innerHTML:

```
<div id="content"></div>
<script type="text/javascript">
    var nr = document.getElementById("content");
    nr.innerHTML="需显示的内容 "
</script>
```

这样就会在id 为content的标签那里显示"需显示的内容"。

innerText 属性在 IE 浏览器中可以得到当前元素过滤掉 HTML 标签之后的文本内容, 在某些时候还是比较有用。但类似的非标准属性/方法在其他浏览器中并不一定都得到支持。因此, 我们更加推荐使用innerHTML。

它们之间的区别用一个例子可以看出:

```
<div id="test">
    <span style="color:red">test1</span> test2
```

```
</div>
<script type="text/javascript">
    var nr = document.getElementById("test");
    alert(nr.innerHTML); //得到: <span style="color:red">test1</span> test2
    alert(nr.innerText); //仅在IE下得到纯文本: test1 test2。
</script>
```

7.5.2 offsetHeight和offsetWidth属性

offsetHeight 和 offsetWidth主要是指: 标签的高 (宽) 度+padding+border的值。这些属性在CSS中都要实际占位。因此, offsetHeight和offsetWidth可以理解为"实际的"高度和宽度, 公式如下:

offsetWidth = width + padding + border

offsetHeight = height + padding + border

7.6　能力拓展

7.6.1 垂直图片滚动

图片的垂直滚动跟文字垂直滚动的原理是一样。使用两个相同内容的结构, 在一个区域内进行模拟的循环滚动。只是用图片 (或者图片+文字的内容) 替换了先前的文字内容。

7.6.2 内容的水平滚动 (图片或文字)

水平滚动在结构上有其特殊性, 为了把两块内容排列在水平位置上, 可以使用表格做框架, 如图7.7所示。原因是只有表格结构才可以在水平方向上无限扩展, 并且不会变形。同时, 在JS中把垂直滚动的scrollTop属性更换成 scrollLeft, offsetHeight更换为 offsetWidth。

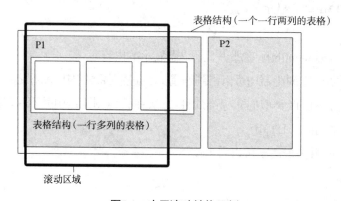

图7.6　水平滚动结构示例

水平滚动HTML结构范例如下：

```
<div id="area">
                <!--水平的表格 一行两列-->
                <table cellpadding="0" cellspacing="0" border="0">
                    <tr>
                        <!-- 第一部分表格 -->
                        <td>
        <div id="p1">
                            <!--第一部分内容-->
                            <table>
                            …（一行多列的表格）…
                            </table>
                            <!--第一部分内容 over-->
                </div>
                            </td>
                    <!-- 第一部分表格 over -->
                    <!-- 第二部分表格 -->
                     <td>
<div id="p2"></div>
                        </td>
                        <!-- 第二部分表格 over-->
                    </tr>
                </table>
                <!--水平的表格 over-->
</div>
```

细心的读者会发现，p1和p2这两个id不是写在td上的，而是写在两个div上的。这是因为，在某些浏览器下td标签的innerHTML属性是只读的，也就是JS是无法修改的。所以，为了修改p2中的内容，让它跟p1的内容一样，这里使用了两个div结构来充当内容的容器。

JS代码部分跟垂直滚动非常类似，希望读者能自行完成水平滚动的JS。

7.7　思考与练习

（1）完成一个纵向的图片无缝滚动。

（2）完成一个横向的图片无缝滚动。

学习情境8 | 图片切换

8.1 任务引入

图片切换又称图片轮换，或者幻灯片，是一种很酷的效果。它可以让多张图片在一段时间内进行自动切换，同时用户也可以通过鼠标控制图片的切换。很多网站往往采用这种方式来制作轮换的广告、新闻图片或者banner等。图片切换为了提示用户图片信息，往往会带有切换数字或者图片标题，如图8.1所示。

图8.1 轮换的广告图

8.2 任务分析

8.2.1 任务目标

本学习情境是制作一个带数字的图片切换效果，图片可以自动切换，或者移动鼠标到数字之上切换图片，如图8.2所示。

图8.2　图片切换效果

通过本学习情境的学习,读者应达到如下目标:

- 了解图片切换的结构和相关样式;
- 了解JS中的数组;
- 掌握JS通过标签名获取结构的方法。

8.2.2　设计思路

要实现图片切换效果,将本学习情境分成以下几个任务:

☆**任务1:** 图片切换的结构布局。
☆**任务2:** 对象数组建立(难点)。
☆**任务3:** 图片自动切换(重点)。
☆**任务4:** 序号标签切换(重点)。
☆**任务5:** 鼠标控制图片切换(难点)。

8.3　任务实施

任务1　图片切换的结构布局

通过观察可以发现,每张图片分别对应一个序号标签。图片采用<ul>结构依次排列,而序号标签则采用<span>标签。代码如下:

```
<!--图片轮播-->
<div id="picshow">
```

```
<!--图片-->
<ul id="pics">
        <li><a href="#"><img src="images/1.jpg" /></a></li>
        <li><a href="#"><img src="images/2.jpg" /></a></li>
        <li><a href="#"><img src="images/3.jpg" /></a></li>
        <li><a href="#"><img src="images/4.jpg" /></a></li>
        <li><a href="#"><img src="images/5.jpg" /></a></li>
        <li><a href="#"><img src="images/6.jpg" /></a></li>
</ul>
<!--图片 over-->
<!--数字-->
<div id="shuzi">
        <span class="on">1</span>
        <span>2</span>
        <span>3</span>
        <span>4</span>
        <span>5</span>
        <span>6</span>
</div>
<!--数字over-->
</div>
<!--图片轮播 over-->
```

整个图片切换还是用div标签嵌套起来。

为了方便可控制序号，序号标签span单独使用一个div装起来。具体的样式如下：

```
#picshow{
width:446px;
 height:248px;
margin-left:auto;
margin-right:auto;
position:relative;
}
#picshow ul{
width:446px;
height:248px;
```

```
overflow:hidden;
 position:absolute;
z-index:100;
left:0px;
top:0px;
}
#picshow li{
 width:446px;
 height:248px;
overflow:hidden;
}
#picshow #shuzi{
 position:absolute;
z-index:200;
left:0px;
bottom:5px;
 text-align:right;
width:445px;
}
#picshow #shuzi span{
padding:2px 5px;
border:1px #F00 solid;
color:#F00;
background:#FCF;
line-height:20px;
cursor:pointer;
margin-right:5px;
}
#picshow #shuzi span.on{
background:#3CC;
border:1px #06F solid;
color:#06F
}
```

需要注意的是,因为序号在图片之上,所以需要绝对定位。因此,大<div>标签要相对定位，同时，当前显示的图片的序号是高亮的，序号还需要一个class，这里用的是"on"，来突出显示当前的图片。

任务2 建立对象数组

分析结构可以发现，结构当中的图片li可以看成一组对象，而序号标签Span可以看成另一组对象。两组对象都是有序排列，且都与当前显示的信息下标相关。

首先应建立两个数组分别表示两组对象。

在</body>标签后加入代码：

```
<script type="text/javascript">
    var tags=document.getElementById("pics").getElementsByTagName("li");
    var cats=document.getElementById("shuzi").getElementsByTagName("span");
</script>
```

任务3 图片自动切换

分析特效和结构得知，实现切换效果的实质是：

（1）将所有li隐藏起来（设置display样式的值为none）；

（2）将要显示的那个li显示出来（设置display样式值为block）。

因此可以使用一个全局变量来代表当前显示的li在li数组中的下标号，从而确定将要隐藏的li对象和将要显示的li对象，然后设置其样式。

设置全局变量，代码如下：

```
<body>
……
</body>
<script type="text/javascript">
    var current=0;
var tags=document.getElementById("pics").getElementsByTagName("li");
    var cats=document.getElementById("shuzi").getElementsByTagName("span");
</script>
```

在head标签中定义切换图文的函数，代码如下：

```
<head >
<script type="text/javascript">
        function setNow(index){//设置索引样式
            for(var i=0;i<tags.length;i++){
```

```
                tags[i].style.display="none";
            }
            tags[i].style.display="block";
        }
    </script>
</head>
```

任务4 序号标签切换

根据前面的分析，也可以采用类似的方式来更改序号标签的显示：

- 将所有span的当前样式去掉（设置className的值为" "）；
- 将要显示的span加上on样式（设置className的值为on）。

在setNow函数中加入设置span的代码：

```
<head>
<script  type="text/javascript">
    function setNow(index){//设置索引样式
        for(var i=0;i<tags.length;i++){
            tags[i].style.display="none";
        }
        tags[i].style.display="block";
    }
    </script>
</head>
```

这里使用setInterval函数实现自动切换的功能。

定义控制图片切换的函数setNext，代码如下：

```
<head>
<script  type="text/javascript">
    function setNow(index){//设置索引样式
        ……
    }
    function setNext(){
        current++;
        if(current>tags.length){
            current=0;
        }
```

```
        setNow(current);
    }
    </script>
```

</head>

在</body>之后加上定时调用setNext函数的代码:

```
<script  type="text/javascript">
    var current=0;
    var setNextInterval;
var tags=document.getElementById("pics").getElementsByTagName("li");
    var cats=document.getElementById("shuzi").getElementsByTagName("span");
setNextInterval =window.setInterval("setNext()",3000);
</script>
```

任务5 鼠标控制图片切换

使用之前学过的onmouseover事件和onmouseout事件来控制图片切换。

定义鼠标移动到序号标签上的事件响应函数, 代码如下:

```
<head >
<script  type="text/javascript">
        function setNow(index){//设置索引样式
            ......
        }
        function setNext(){
            ......
        }
        function setMouseOver(index){
            window.clearInterval(setNextInterval);
            current=index;
            setNow(current);
        }
    </script>
```

</head>

设置鼠标移动和移出事件, 代码如下:

```
<!--数字-->
```

```
<div id="shuzi">
        <span class="on" onmouseover="setMouseOver(0)" onmouseout="setNextInterval=window.setInterval('setNext()',3000);">1</span>
        <span onmouseover="setMouseOver(1)" onmouseout="setNextInterval=window.setInterval('setNext()',3000);">2</span>
        <span onmouseover="setMouseOver(2)" onmouseout="setNextInterval=window.setInterval('setNext()',3000);">3</span>
        <span onmouseover="setMouseOver(3)" onmouseout="setNextInterval=window.setInterval('setNext()',3000);">4</span>
        <span onmouseover="setMouseOver(4)" onmouseout="setNextInterval=window.setInterval('setNext()',3000);">5</span>
        <span onmouseover="setMouseOver(5)" onmouseout="setNextInterval=window.setInterval('setNext()',3000);">6</span>
</div>
```

8.4　知识小结

本学习情境内容的制作思路总结如下：

（1）如何建立对象数组？

通过标签对象的getElementsByTagName方法将特效当中需要操作、更改的对象以数组的形式集中起来。

（2）图片如何切换？

将所有li隐藏起来（设置display样式的值为none）；

将要显示的那个li显示出来（设置display样式值为block）。

（3）序号标签如何根据图片的改变而显示对应的序号？

将所有span的当前样式去掉（设置className的值为" "）；

将要显示的span加上on样式（设置className的值为on）。

（4）图片和序号如何自动切换？

使用setInterval函数每隔一段时间（时间间隔自定）调用一次切换函数。

（5）如何设置鼠标移上和移出序号标签时的切换图片？

onmouseover事件、onmouseout事件和setInterval函数、clearInterval函数联合使用从而控制切换函数。

8.5　知识拓展

8.5.1　getElementsByTagName方法

几乎每个HTML标签对象都有getElementsByTagName方法。这个方法帮助用户将标签对象中所有指定标签名的子标签集中起来,以便使用,getElementsByTagName方法的语法格式:

标签对象.getElementsByTagName(标签名);

注意: getElementsByTagName方法返回的是一个数组,而不是单个的对象,所以使用这个函数的返回值时一定要按照数组的方式去操作。

如果把特殊字符串 "*" 传递给 getElementsByTagName() 方法,它将返回文档中所有元素的列表,元素排列的顺序就是它们在文档中的顺序。

传递给 getElementsByTagName() 方法的字符串可以不区分大小写。下列示例能说明该问题:

```
<html>
<head>
<script type="text/javascript">
function getElements(){
var x=document.getElementsByTagName("input");
alert(x.length);
}
</script>
</head>
<body>
<input name="myInput" type="text" size="20" /><br />
<input name="myInput" type="text" size="20" /><br />
<input name="myInput" type="text" size="20" /><br />
<br />
<input type="button" onclick="getElements()"
value="How many input elements?" />
</body>
</html>
```

可以用 getElementsByTagName() 方法获取任何类型的 HTML 元素的列表。例如,下面的代码可获取文档中所有的表:

```
var tables = document.getElementsByTagName("table");
alert ("This document contains " + tables.length + " tables");
```

若是用于获取整个文档中某指定标签集合,可直接用tag("xx")获取。下面是几个使用getElementsByTagName方法的示例:

遍历所有的div节点,代码如下:

```
<script type="text/javascript">
var oDivs = document.getElementsByTagName("div");
var oDiv1 = null;
for (var i=0; i < oDivs.length; i++){
    if (oDivs[i].getAttribute("id") == "div1") {
        oDiv1 = oDivs[i]; break;
    }
}
</script>
```

遍历所有的li标记,然后修改其兄弟节点样式,代码如下:

```
<script type="text/javascript">
var oDivs = document.getElementsByTagName("div");
<script type="text/javascript">
var dt = document.getElementsByTagName("li");
for ( var i = 0; i < dt.length; i++ ) {
  //dt[i].nextSibling.firstChild.data = 'hello';
    dt[i].onclick = function() {
            this.nextSibling.style.display = 'block';
    };
}
</script>
```

修改某个节点的样式,代码如下:

```
<script type="text/javascript">
var div = document.getElementsByTagName("div");
for ( var i = 0; i < div.length; i++ ) {
    if ( div[i].className == "special") {
        div[i].style.display = 'none';
    }
}
</script>
```

移除某个节点对象,代码如下:

```
<script type="text/javascript">
  function removeMessage() {
    var oP = document.body.getElementsByTagName("p")[0];
    document.body.removeChild(oP);
  }
</script>
```

8.5.2 style属性和className属性

几乎每个HTML标签对象都有style属性和className属性。有了它们，就能使用JS来编写程序，动态地控制HTML标签的显示样式。

1. 控制单个样式的属性——style

对于单个样式的更改，可以使用style属性。

语法格式：标签对象.style.样式名=样式值

示例：

```
<html>
<head>
<meta http-equiv="Content-Type" content="text/html; charset=utf-8" />
<title>无标题文档</title>
<script type="text/javascript">
    function changeFontColor(){
        document.getElementById("styleTestDiv").style.color="red";
    }
</script>
</head>
<body>
    <div id="styleTestDiv" onclick="changeFontColor()">
        点我试试
    </div>
</body>
</html>
```

注意：当使用document.getElementById("id").style.backgroundColor 获取样式时，获取的只是id的style属性中设置的背景色，如果id中的style属性中没有设置background-color，就会返回空，即是如果id用class属性引用了一个外部样式表，在这个外部样式表中设置有背景色，代码

document.getElementById("id").style.backgroundColor 就不适用，如果要获取外部样式表中的设置，需要用到window对象的getComputedStyle()方法，代码写为window.getComputedStyle(id,null).backgroundColor。但是又会遇到兼容问题，在firefox中适用，但在IE中不适用。

两者兼容的方式：

window.getComputedStyle?window.getComputedStyle(id,null).backgroundColor:id.current-Style["backgroundColor"];

如果是获取背景色，这种方法在firefox和IE中的返回值还是不一样的，IE中返回"#ffff99"，而firefox中返回"rgb(238, 44, 34)"。

注意： window.getComputedStyle(id,null)方式不能设置样式，只能获取，要设置还得写成类似id.style.background="#EE2C21"。

JS还可以动态创建style节点。下面的代码演示了如何利用JS动态创建style节点：

var style = document.createElement('style');

style.type = 'text/css';

style.innerHTML="body{ background-color:blue; }";

document.getElementsByTagName('HEAD').item(0).appendChild(style);

上面的代码在firefox里面支持，但是IE不支持，测试如下代码：

var sheet = document.createStyleSheet();

sheet.addRule('body','background-color:red');

测试成功，但是很麻烦，要把字符串拆开写，再测试如下代码：

document.createStyleSheet("javascript:'body{background-color:blue;'");

经过以上测试，总结出比较成功的解决代码：

<html>

<head>

<script>

function blue(){

if(document.all){

window.style="body{background-color:blue;";

document.createStyleSheet("javascript:style");

}else{

var style = document.createElement('style');

style.type = 'text/css';

style.innerHTML="body{ background-color:blue }";

document.getElementsByTagName('HEAD').item(0).appendChild(style);

}

```
    }
</script>
</head>
<body>
<input type="button" value="blue" onclick="blue();"/>
</body>
</html>
```

2. 更改标签对象的class属性——className

常通过class来定义HTML标签的样式，所以JS编程更改标签的class对用户来说更有意义，可以通过className属性实现。

语法格式：标签对象.className=class值

示例：

```
<html>
<head>
<meta http-equiv="Content-Type" content="text/html; charset=utf-8" />
<title>无标题文档</title>
<style>
li.now{ color:red}
li{ list-style:circle; cursor:hand;}
</style>
<script type="text/javascript">
    function changeLiClass(clickObj){
        clickObj.className="now";
    }
</script>
</head>
<body>
    <ul
        <li onClick="changeLiClass(this)">点我试试</li>
        <li onClick="changeLiClass(this)">点我试试</li>
        <li onClick="changeLiClass(this)">点我试试</li>
        <li onClick="changeLiClass(this)">点我试试</li>
        <li onClick="changeLiClass(this)">点我试试</li>
```

```
        </ul>
    </body>
</html>
```

特别说明：调用changeLiClass函数时的参数this指的是触发onclick事件的对象。

在JS中，经常要操作页面元素的样式，比如标签页切换时，将当前标签加上一个样式，当切换到其他标签时，再将样式还原，下面介绍直接添加和移除 className 的方法。

代码如下：

```
<script type="text/javascript">
// 说明：添加、移除、检测 className
function hasClass(element, className) {
var reg = new RegExp('(\\s|^)'+className+'(\\s|$)');
return element.className.match(reg);
}
function addClass(element, className) {
if (!this.hasClass(element, className))
{
element.className += " "+className;
}
}
function removeClass(element, className) {
if (hasClass(element, className)) {
var reg = new RegExp('(\\s|^)'+className+'(\\s|$)');
element.className = element.className.replace(reg,' ');
}
}
</script>
```

同时，使用JS还可以通过className来获取元素，示例：

```
<!DOCTYPE html PUBLIC "-//W3C//DTD XHTML 1.0 Transitional//EN"
"http://www.w3.org/TR/xhtml1/DTD/xhtml1-transitional.dtd">
<html xmlns="http://www.w3.org/1999/xhtml">
<head>
<meta http-equiv="Content-Type" content="text/html; charset=utf-8" />
<title>无标题文档</title>
<script type="text/javascript">
```

```
//使用JS通过className来获取元素
function getElementsbyClassName(n){
        var
classElements=[],allElements=document.getElementsByTagName('*');
        for(var i=0;i<allElements.length;i++){
            if(allElements[i].className==n){
                classElements[classElements.length]=allElements[i];
            }
        }
        return classElements;
}
</script>
<style type="text/css" >
.shouye{
    font-size:12px;
    color:red;
}
</style>
</head>
<body>
<div class="shouye" >张三</div>
<script type="text/javascript">
var XX=getElementsbyClassName('shouye');
for(var i=0;i<XX.length;i++){
        XX[i].className="";
}
</script>
</body>
</html>
```

8.6 能力拓展

JS 动态控制标签事件

JS语言除了可以动态控制标签的样式和属性之外，还可以动态地为标签添加事件，示例：

```html
<html>
<head>
<meta http-equiv="Content-Type" content="text/html; charset=utf-8" />
<title>无标题文档</title>
<style>
li.now{ color:red}
li{ list-style:circle; cursor:hand;}
</style>
</head>

<body>
    <ul id="testUl">
        <li onClick="changeLiClass(this)">点我试试</li>
        <li onClick="changeLiClass(this)">点我试试</li>
        <li onClick="changeLiClass(this)">点我试试</li>
        <li onClick="changeLiClass(this)">点我试试</li>
        <li onClick="changeLiClass(this)">点我试试</li>
    </ul>
    <script  type="text/javascript">
    var liObjs=document.getElementById("testUl").getElementsByTagName("li");
    for(var i=0;i<liObjs.length;i++){
        liObjs[i].onclick=function(){
            this.className="now";
        };
    }
</script>
</body>
</html>
```

8.7　思考与练习

结合学习情境7的练习，实现图片横向滚动或纵向滚动的切换效果。

要求：

（1）图片在切换时有纵向或横向滚动的过程。

（2）被切换的图片滚动到显示区域中心的时候停顿一段时间表示切换完成。

学习情境9 ｜ 省市级联

9.1 任务引入

当用户在网站填写用户注册信息时，经常需要选择所在省市、区县的地址，当选择了某个省市（例如重庆）后，所在区县的选择框中只会出现该省市下辖的区县，而不会出现其他省市所辖区县的名字，效果如图9.1所示。

图9.1　省市级联选框

9.2 任务分析

9.2.1 任务目标

本学习情境是制作一个省市级联的网页特效。该特效主要用于在用户注册信息中选择相应的选项后，后面的选项显示与前面所选选项对应的内容。

要实现省市级联的网页特效效果，需要用到网页中的表单form元素以及JS数组元素，还要使用JS在select组件中操作option集合的方法、JS的事件驱动和表单元素的获取方式。

要这个网页特效主要在于JS代码的操作控制，结构主要采用了表单结构，只要掌握了网页中的表单制作，特效的结构搭建是非常简单的。

通过本学习情境的学习，读者应达到如下目标：

- 了解表单中select的使用方法；
- 掌握JS中的数组；
- 掌握body的onload事件。

9.2.2 设计思路

从图9.1中可以看到，图上只有文字和表单元素，因此搭建的HTML结构如下：

```
<html>
    <head>
        <title>省市级联</title>
        <meta http-equiv="Content-Type" content="text/html; charset=gb2312">
        <style>
            <!--
            body{ font-size: 14px }
            -->
        </style>
    </head>
    <body bgcolor=#FFFFFF alink=#333333 vlink=#333333 link=#333333 topmargin=0
leftmargin=0>
        <font color=#000000><b>来自：</b><br>请输入您所在国家的具体地方。此项可
选<br><br>
        <form>
        省份
            <select id="province">
                <option value="">请选择省份</option>
            </select>
        城市
            <select id="city">
                <option value="">请选择城市</option>
            </select><br>
        </form>
        我在 <span id="newlocation" style="font-weight: bold"></span>
    </body>
</html>
```

其中form表单中只用到了select下拉菜单选项option，即建立了选择省份和城市的下拉菜单。在form标签中加入两个select标签，分别用于选择省市和区县，选择省市的select标签将其id命名为"province"，选择区县的select标签将其id命名为"city"。另外还建立了一个结果显示的元素：<span></span>。将所选的省份与城市显示在span标签id命名为"newlocation"的区域里。如选择了重庆，沙坪坝，则显示如图9.2所示。

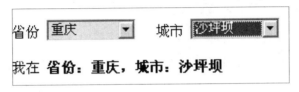

图9.2 级联效果

其中样式采用的是表单的默认样式,没有单独设置样式,主要在于用JS代码控制级联的效果,结构中onLoad="init()"、onChange = "selectProvince()"和onChange = "showInfo()"都是JS函数的应用。

要实现省市级联特效,要解决如下问题:

(1)省份数据和城市数据从何处得来?

(2)如何建立省份数据与城市数据之间的关联?

(3)如何在下拉菜单中加载省份数据和城市数据?

(4)如何显示所选择的省份和城市信息?

要实现省市级联效果,将本学习情境分成以下几个任务:

☆**任务1:**建立省市数据;

☆**任务2:**创建数据关联(重点、难点);

☆**任务3:**加载省市数据(重点);

☆**任务4:**显示省市信息。

9.3 任务实施

任务1 建立省市数据

省市级联特效与其他特效不同,它没有非常绚丽的动作效果,其特效核心在于数据的改变。因此,首先要找到省份数据和城市数据的存储方式。在这里,使用以前学过的一个存储数据的"容器"——数组。

1.建立存放省份数据的数组

代码如下:

……

```
<head>
<script type="text/javascript">
```

```
//创建省数组
        var provinceArray = new Array("北京","上海","天津","重庆","河北","山西","内蒙
古","辽宁","吉林","黑龙江","江苏","浙江","安徽","福建","江西","山东","河南","湖北","湖
南","广东","广西","海南","四川","贵州","云南","西藏","陕西","甘肃","宁夏","青海","新疆","香
港","澳门","台湾");
    </script>
    </head>
    ……
```

2. 建立存放城市数据的数组

省市级联特效要求城市数据要按所属省份显示,因此需要把所有城市数据按照省份进行分组,可以使用二维数组来存放城市数据。代码如下:

```
……
<head>
<script type="text/javascript">
        //创建省数组
        ……
        //创建市二维数组
        var cityArray = new Array();
        cityArray[0] = new Array("东城","西城","崇文","宣武","朝阳","丰台","石景山","海
淀","门头沟","房山","通州","顺义","昌平","大兴","平谷","怀柔","密云","延庆");
        cityArray[1] = new Array("黄浦","卢湾","徐汇","长宁","静安","普陀","闸北","虹
口","杨浦","闵行","宝山","嘉定","浦东","金山","松江","青浦","南汇","奉贤","崇明");
        cityArray[2] = new Array("和平","东丽","河东","西青","河西","津南","南开","北
辰","河北","武清","红桥","塘沽","汉沽","大港","宁河","静海","宝坻","蓟县");
        ……
    </script>
    </head>
    ……
```

任务2 创建数据关联

实现省市级联特效的关键是省份和城市数据间要建立关联关系。在建立省份数组和城市数组时,一定要注意,以省份数组和城市数组的下标作为省份数据与城市数据之间的关联。

例如:provinceArray[0]是"北京",所以cityArray[0]保存的就是北京所属城市的数组"new

Array("东城","西城","崇文","宣武","朝阳","丰台","石景山","海淀","门头沟","房山","通州","顺义","昌平","大兴","平谷","怀柔","密云","延庆");"。

任务3 加载省市数据

要在下拉菜单中加入省份数据和城市数据,即是要把省份和城市的信息作为下拉菜单的选项。

1. 加载省份数据

加载省份数据是在页面加载完成之后动态加载,代码如下:

```
……
<script type="text/javascript">
        //初始化省份选择菜单
        function init(){
                var provinceObj = document.getElementById("province");
                for(var i=0; i<provinceArray.length; i++){
                        var optionObj = document.createElement("option");
                        optionObj.value = optionObj.text = provinceArray[i];
                        provinceObj.options.add(optionObj);
                }
        }
    </script>
</head>
<body onLoad="init()">
……
```

2. 加载城市数据

加载城市数据是在省份选择做了修改之后动态加载,加载之前会先清除城市下拉菜单中旧的城市数据,代码如下:

```
……
</script>
<script type="text/javascript">
        ……
        //选择省份之后触发
        function selectProvince(){
```

```
var provinceObj = document.getElementById("province");
var cityObj = document.getElementById("city");
var pSelectedIndex = provinceObj.selectedIndex-1;
//将城市选择框的选项清空
for(var i=cityObj.options.length-1; i>0;i--){
    cityObj.options.remove(i);
}
//如果选择了省份, 则将对应的城市选择框的选项填充完毕
if(pSelectedIndex>=0){
    for(var i=0; i<cityArray[pSelectedIndex].length; i++){
        var optionObj = document.createElement("option");
        optionObj.value = optionObj.text = cityArray[pSelectedIndex][i];
        cityObj.options.add(optionObj);
    }

}
}
</script>
</head>
<body onLoad="init()" bgcolor=#FFFFFF alink=#333333 vlink=#333333 link=#333333
topmargin=0 leftmargin=0>
……
<select id="province" onChange = "selectProvince()">
        <option value="">请选择省份</option>
    </select>
……
```

任务4 显示省市信息

可以通过下拉菜单（select）标签的selectedIndex属性从下拉菜单（select）标签的options
标签集合中获得当前所选的option, 再通过option标签的text属性获取省份或者城市信息, 代码
如下:

```
……
</script>
```

```
<script type="text/javascript">
        ……
    //根据用户的选择显示省份和城市显示结果
    function showInfo(){
            var provinceObj = document.getElementById("province");
            var cityObj = document.getElementById("city");
            //获取用户选择的省份
            var pSelectedIndex = provinceObj.selectedIndex-1;
            //获取显示块newlocation对象
            var newlocationObj = document.getElementById("newlocation");
            //如果当前没有选择省份,则清空显示块newlocation的值,否则显示省份,并
查看城市是否选中
            if(pSelectedIndex<0){
                newlocationObj.innerText = "";
            }else{
                newlocationObj.innerText = "省份: " + provinceArray[pSelectedIndex];
                //获取用户选择的城市
                var cSelectedIndex = cityObj.selectedIndex-1;
                //如果当前没有选择城市,则不显示城市,否则显示所选择的城市
                if(cSelectedIndex>=0){
                    newlocationObj.innerText += ", 城市: " + cityArray[pSelectedIndex]
[cSelectedIndex];
                }
            }
    }
</script>
```

加载城市数据的函数, 最后加入调用显示所选择的省份和城市信息的代码如下:

```
<script type="text/javascript">
    ……
    //选择省份之后触发
    function selectProvince(){
            ……
                showInfo();
            }
```

```
            }
    </script>
```

在城市下拉菜单的选择内容发生变化时触发showInfo函数, 代码如下:

......

```
<body>
```

......

```
<select id="city" onChange = "showInfo()">
            <option value="">请选择城市</option>
</select>
```

......

```
</body>
```

9.4　知识小结

本学习情境内容的制作思路总结如下:

(1)省份数据和城市数据从何而来?

建立数组, 在页面加载之初就通过代码配置省份数据和城市数据。

(2)如何建立省份数据与城市数据之间的关联?

省份数据放在一个一维数组里, 城市数据放在一个二维数组里。两者以下标建立关联关系, 即下标为0的省份元素所对应的城市数据在下标为0的城市元素二维数组中。

(3)如何在下拉菜单中加载省份数据和城市数据?

• 省份数据在页面加载完成(body.onload)事件触发响应函数加载。城市数据在所选择的省份发生改变(select对象的onchange事件)时触发响应函数加载。

• 省份数据和城市数据都是以select对象的选项对象(option)形式加载的。

• 因此每加载一条数据, 就要使用document.createElement方法创建一个option对象。

• option对象的管理由select对象的options集合实现: 添加option对象使用add方法, 删除option对象使用remove方法。

• 利用select对象的selectedIndex获取选中选项在options集合中的下标; 通过该下标在select对象的options集合中找到对应的option对象; 通过option的text属性获取省份或城市信息; 将该信息通过信息呈现对象的innerText属性显示出来。

9.4.1　一维数组和多维数组

在之前讲过, JS的Array对象是数组集合。在程序中看到一个数组集合中的某个元素也是一个Array对象, 这样的一个数组集合称为二维数组。

对照其他语言的二维数组不难发现，一维数组中的每个元素就是一个单个的元素，而二维数组中的每个元素不是一个单个的元素，而是一个一维数组。因此，一个n维数组的每个元素也不是单个的元素，而是一个n-1维数组。

基于多维数组的这个特点，可以在JS中这样实现一个多维数组：

首先新建n个一维数组（Array对象，对象中每个元素都是一个单个的元素）。

然后新建一个Array对象，把之前的n个一维数组作为n个元素，利用Array对象的push方法压入该对象中，就形成了一个二维数组。

如果还要更大维数的数组可以此类推。

下面是创建2×5数组的方法：

```javascript
<script type="text/javascript">
var arr=new Array(2);
arr0=new Array("a","b","c","d","e");
arr.push(arr0);
arr1= new Array("a1","b1","c1","d1","e1");
arr.push(arr1);
</script>
```

另一种方法：

```javascript
<script type="text/javascript">
var arr=new Array(2);
        for(var i=0;i<arr.length;i++){
                arr[i]=new Array(5);
        }
        arr[0][0]="a";
        arr[0][1]="b";
……
</script>
```

或者：

```javascript
<script type="text/javascript">
var arr=[["a","b","c","d","e"],["a1","b1","c1","d1","e1"]];
</script>
```

9.4.2 body.onload事件

常常在网页加载完成时执行某些初始化程序，如设置某一个div的innerText，获得某一个元素的引用等，通常的代码如下：

```
<html>
<head>
<script type="text/javascript">
    var oDiv = document.getElementById("div1");
    oDiv.innerText = "欢迎光临";
</script>
</head>
<body>
<div id="div1"></div>
</body>
</html>
```

温馨贴士 》》

以上的JS代码并不能正确地运行，原因是整个HTML页面是从头到尾顺序地加载的，当上面的JS代码执行时，<div id="div1"></div> 这个元素并没有加载进来，所以会出错。

要保证在<div id="div1"></div> 这个元素加载后才执行以上JS代码，有两种常用方法：

（1）把JS代码写在<div id="div1"></div>下面，这样就能保证在加载完div标签对象之后执行。

（2）设置body的onload事件。body的onload事件在浏览器装入所有对象后立即触发。以上代码可以改写成如下形式：

```
<html>
<head>
<script type="text/javascript">
    function showWelcome(){
var oDiv = document.getElementById("div1");
oDiv.innerText = "欢迎光临";
}
</script>
</head>
<body onload=" showWelcome()">
<div id="div1"></div>
```

```
</body>
</html>
```

9.4.3 select对象

1.select的onchange事件

select对象的onchange事件是当select对象的所选选项改变时触发。在刚开始使用select对象的onchange事件时, 常会遇到连续选择相同项时,不触发onchange事件的问题。select的on-change事件必须要有改变才能触发, 所以要保证用户第一次选择时改变选项。示例:

```
<html>
<head>
<meta http-equiv="Content-Type" content="text/html; charset=utf-8" />
<title>无标题文档</title>
<script type="text/javascript">
    function bao(selectObj){
    var txtObj=document.getElementById("txt");
    var optionObj= selectObj.options[selectObj.selectedIndex];
      txtObj.value+= optionObj.value;
      //选择后, 让第一项被选中, 这样就有改变了
      selectObj.options[0].selected=true;
}
</script>
</head>
<body>
    <select name=sel onchange="bao(this)">
<option value="">请选择</option>
<option value="1">Item 1</option>
<option value="2">Item 2</option>
<option value="3">Item 3</option>
</select>
<textarea id=txt></textarea>
</body>
</html>
```

2.select的option集合

1）定义和用法

options集合可返回包含 <select> 元素中所有 <option> 的一个数组。数组中的每个元素对应一个 <option> 标签对象，其索引由0起始。

options集合并非一个普通的 HTML标签对象集合。为了和早期的浏览器相互兼容，这个集合有某种特殊的行为：允许通过 select 对象来改变显示的选项：

- 如果把 options.length 属性设置为 0,select 对象中所有选项都会被清除。
- 如果 options.length 属性的值比当前值小，出现在数组尾部的元素就会被丢弃。
- 如果把 options[] 数组中的一个元素设置为 null，那么选项就会从select 对象中删除。
- 可以通过构造函数 Option() 来创建一个新的 option 对象（需要设置 options.length 属性）。

下面的例子可输出下拉列表中所有选项的文本：

```html
<html>
    <head>
        <script type="text/javascript">
            function getOptions(){
                var x=document.getElementById("mySelect");
                var fruitsDiv=document.getElementById("fruits");
                for (var i=0;i<x.length;i++){
                    var pObj=document.createElement("p");
                    pObj.innerText=x.options[i].text;
                    fruitsDiv.appendChild(pObj);
                }
            }
        </script>
    </head>
    <body>
可供选择的水果
        <select id="mySelect">
         <option>苹果</option>
        <option>橙子</option>
         <option>鸭梨</option>
         <option>香蕉</option>
```

```
</select>
<br /><br />
    <input type="button" onclick="getOptions()" value="输出所有选项">
<div id="fruits"> </div>
    </body>
</html>
```

2）JS操作select标记中options集合

options.add(option)方法向集合里添加一项option对象。

options.remove(index)方法移除options集合中的指定项。

options(index)或options.item(index)可以通过索引获取options集合的指定项。

3）option对象简介

option对象代表 HTML 表单下拉列表中的一个选项，在 HTML 表单中，<option> 标签每出现一次，就会创建一个 option 对象。option对象的属性见表9.1。

表9.1　option对象的属性列表

属　　性	描　　述
defaultSelected	返回 selected 属性的默认值
disabled	设置或返回选项是否应被禁用
form	返回对包含该元素的 <form> 元素的引用
id	设置或返回选项的 id
index	返回下拉列表中某个选项的索引位置
label	设置或返回选项的标记（仅用于选项组）
selected	设置或返回 selected 属性的值
text	设置或返回某个选项的纯文本值
value	设置或返回被送往服务器的值

9.5　知识拓展

文档对象模型 (DOM)

文档对象模型（Document Object Model, DOM）最初是 W3C 为了解决浏览器"混战"时代不同浏览器环境之间的差别而制定的模型标准，主要是针对IE和Netscape Navigator。W3C解释为："文档对象模型是一个能够让程序和脚本动态访问和更新文档内容、结构和样式的语言平台，提供了标准的 HTML 和 XML对象集，并有一个标准的接口来访问并操作它们。"它使得程序员可以快捷地访问 HTML 或 XML 页面上的标准组件，如元素、样式表、脚本等并作相应的处理。DOM 标准推出之前，创建前端 Web应用程序都必须使用Java Applet或 ActiveX等复杂的组件，现在基于 DOM 规范，在支持 DOM 的浏览器环境中，Web开发人员可以快捷、安全地创建多样化、功能强大的Web应用程序。

文档对象模型定义了JS 可以进行操作的浏览器，描述了文档对象的逻辑结构及各功能部件的标准接口。主要包括如下方面：

- 核心 JS语言参考（数据类型、运算符、基本语句、函数等）；
- 与数据类型相关的核心对象（String、Array、Math、Date 等数据类型）；
- 浏览器对象（window、location、history、navigator等）；
- 文档对象（document、images、form等）。

JS使用两种主要的对象模型：浏览器对象模型（BOM）和文档对象模型（DOM），前者提供了访问浏览器各个功能部件，如浏览器窗口本身、浏览历史等的操作方法；后者则提供了访问浏览器窗口内容，如文档、图片等各种 HTML元素以及这些元素包含的文本的操作方法。

1.浏览器对象模型

浏览器对象模型（Browser Object Model, BOM）是由一系列对象和方法组成，用于管理窗口与窗口之间的通信，提供独立于内容而与浏览器窗口进行交互的对象。其基本结构如图9.3所示。

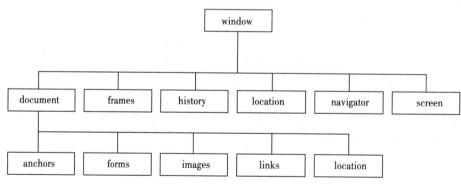

图9.3　BOM结构

window对象属性和方法见表9.2和表9.3。

表9.2 windows对象属性

属 性	说 明
closed	关闭窗口时为真
defaultStatus	窗口底部状态栏显示默认状态信息
document	窗口中当前显示的文档对象
frames	窗口中框架对象数组
history	保存窗口最近加载的URL
length	框架中的框架数
location	当前窗口的URL
name	窗口名
opener	打开窗口的当前窗口
parent	指向包含一个窗口的父窗口（由框架使用）
screen	显示屏幕相关信息，如屏幕宽度、高度等
self	指示当前窗口
status	描述由用户交互导致的状态栏信息
top	包含特定窗口的最顶层窗口（由框架使用）
window	指示当前窗口，与self等效

表9.3 window对象方法

方 法	功 能
alert(text)	创建一个警告框
blur	将焦点从窗口移出
clearInterval	清除定时器变量
clearTimeout	清除暂停器变量
close	关闭窗口
conform	创建一个用户确认对话框
foucos	将焦点移动到窗口
open	打开一个新的窗口，并返回新的窗口
Prompt	创建一个对话框，要求用户输入信息
Scroll	将窗口滚动到某一像素位置
setInterval	设置间隔执行定时器

续表

方　法	功　能
setTimeout	设置停顿时间间隔
print	调出打印对话框
find	调出查找对话框

1）history对象（用户访问过的站点列表）

浏览者通常可以使用浏览器的前进与后退按钮访问曾经浏览过的页面。JS的history对象记录了用户曾经浏览过的页面，并可以实现浏览器前进与后退相似的导航功能。可以通过back函数后退一个页面，以及forward函数前进一个页面，或者使用go函数任意后退或前进页面，还可以通过length属性查看history对象中存储的页面数。

2）location对象

location对象的属性和方法见表9.4和表9.5。

表9.4　location对象属性

属　性	说　明
hash	返回URL中#符号后面的内容
host	返回域名
hostname	返回主域名
href	返回当前文档的完整URL或设置当前文档的URL
pathname	返回URL中域名后的部分
port	返回URL中的端口
protocol	返回URL中的协议
search	返回URL中的查询字符串

表9.5　location对象方法

属　性	说　明
assign	设置当前文档的URL
replace	设置当前文档的URL，并在history对象的地址列表中删除这个URL
reload	重新载入当前文档（从server服务器端）
toString	返回location对象href属性当前的值

3）navigetor对象

navigetor对象的属性见表9.6。

表9.6 navigetor属性

属 性	说 明
appcodeName	浏览器代码名的字符串表示
appName	官方浏览器名的字符串表示
appVersion	重新载入当前文档（从server服务器端）
cookieEnabled	返回location对象href属性当前的值
javaEnabled	如果启用java返回true，否则返回false
platform	浏览器所在计算机平台的字符串表示
plugins	安装在浏览器中的插件数组
taintEnabled	如果启用了数据污点返回true，否则返回false
userAgent	用户代理头的字符串表示

navigator对象通常用于检测浏览器与操作系统的版本。navigator中最重要的是userAgent属性，它可以返回包含浏览器版本等信息的字符串，其次是cookieEnabled，使用它可以判断用户浏览器是否开启cookie。

4）screen对象

screen对象的属性见表9.7。

表9.7 screen对象属性

属 性	说 明
availHeight	窗口可以使用的屏幕高度，单位像素
availWidth	窗口可以使用的屏幕宽度，单位像素
colorDepth	用户浏览器表示的颜色位数，通常为32位（每像素的位数）
pixelDepth	用户浏览器表示的颜色位数，通常为32位（每像素的位数）（IE不支持此属性）
height	屏幕的高度，单位像素
width	屏幕的宽度，单位像素

5）document对象

document对象的属性和方法见表9.8和表9.9。

表9.8　documentd对象的属性

属　　性	说　　明
cookie	用户cookie
title	当前页面title标签中定义的文字
URL	当前页面的URL
anchors	文档中所有锚（a name="aname"）的集合
applets	文档中所有applet标签表示的内容的集合
embeds	文档中所有embed标签表示的内容的集合
forms	文档中所有from标签表示的内容的集合
images	文档中所有image标签表示的内容的集合
links	文档中所有a（链接）标签表示的内容的集合

表9.9　document对象的方法

方　　法	功　　能
write writeln writeln	窗口可以使用的屏幕高度，单位像素
open	打开已经载入的文档
close	用于关闭document.open方法打开的文档

2.文档对象模型

在文档对象模型（DOM）中，浏览器载入HTML文档时，是以树的形式对这个文档进行描述。其中各个HTML的标记都作为一个对象进行相应的操作。例如：

<html>

<head>

<meta http-equiv=content-type content="text/html;charset=gb2312"/>

<title>Html page</title>

</head>

<body>

<h1>Content</h1>

…

</body>

</html>

上述代码为一个基本的HTML代码。依据DOM的思想,其DOM树如图9.4所示。

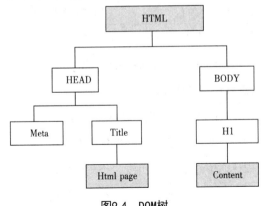

图9.4 DOM树

HTML为根元素对象,可代表整个文档,head和body是两个分支,位于同一层次的兄弟关系,存在同一父元素对象,但又有各自的子元素对象。在DOM中,将这些对象统称为"节点"。从这种意义上来说,就将一个HTML文档看成一棵"节点树"。

节点(node)表示某个网络中的一个连接点,换句话说,网络是节点和连接线的集合。在W3C中,每个容器、独立的元素或文本块都被看成是一个节点,节点是W3C DOM的基本构成模块。当一个容器包含另一个容器时,对应的节点之间有父子关系。同时该节点树遵循HTML的结构化本质,如<HTML>元素包含<HEAD>、<BODY>,<HEAD>包含<TITLE>,<BODY>包含各种块元素等。DOM中定义了HTML文档中的6种相关节点类型。所有支持W3C DOM的浏览器都实现了前三种常见的类型。Mozl实现了所有类型。DOM节点类型见表9.10。

表9.10 DOM定义的HTML文档节点类型

节点类型值	节点类型	附加说明
1	元素(Element)	HTML标记元素
2	属性(Attribute)	HTML标记元素属性
3	文本(Text)	被HTML标记括起来的文本段
4	注释(Comment)	HTML注释段
5	文档(Document)	HTML文档根文本对象
6	文档类型(documentType)	文档类型

在DOM中,每个HTML标签都被看成一个节点,较为特别的是文本节点和属性节点。在DOM中,HTML标记属性也被看成了一个节点,它和文本节点一起被看成DOM树的叶子节点(IE会把包含文本的标签看成一个文本节点,而W3C是将标签中的内容作为一个文本节点)。

属性一般定义对象当前的设置,反映对象的可见属性。DOM文档对象的主要属性见表9.11。

表9.11 文档对象的重要属性

属　　性	附加说明
nodeName	返回当前节点的名字,HTML标签名
nodeValue	返回当前节点的值,仅对文本节点
nodeType	返回节点类型相对应的值,见表9.9
parentNode	返回当前节点的父节点,如果存在的话
childNodes	返回当前节点的子节点的集合,如果存在
firstChild	对标记的子节点集合中第一个节点的引用,如果存在的话
previousSlibling	对同属于一个父节点的前一个兄弟节点的引用
nextSlibling	对同属于一个父节点的下一个兄弟节点的引用
Attributes	返回当前节点(标记)属性的列表
ownerDocument	指向包含节点(标记)的HTML doucment对象
Style	包含css对象的css属性的style对象
innerHTML	包含由对象标记中包含的HTML内容字符串

由于节点具有易于操纵、对象明确等特点,DOM提供了非常丰富的节点处理方法,见表9.12。

表9.12 DOM中常用节点处理方法

操作类型	方法原型	附加说明
生成节点	createEelement(tagName)	创建由tagName指定类型标记
	createTextNode(string)	创建包含string字符的文本节点
	createAttribute(name)	针对节点创建由name指定的属性
	createComment(string)	创建由字符串string批定的文本注释
插入和添加节点	appendChild(newChild)	添加子节点newChild到目标节点上
	insertBefore(newChild, targetChild)	将新节点newChild插入目标节点targetChild之前
复制节点	cloneNode(bool)	复制节点自身,由逻辑量bool确定是否复制子节点
删除和替换节点	removeChild(childName)	删除由childName指定的节点
	replaceChild(newChild, oldchild)	用新节点newChild替换旧节点oldChild
节点获取	getElememtById(id)	返回节点id 属性值的dom节点
	getEementsByTagName (tagName)	返回标签名为tagName的节点集合

9.6 能力拓展

9.6.1 DOM 方式动态创建表格

在一些高级的用户体验交互中，往往需要动态地创建元素，并对元素进行增、删、修、改。为提高对DOM的操作，请读者使用JS的document.createElement 方法和appendChild 方法动态创建一个两行三列的表格，并且保证浏览器的兼容性。以下为参考代码：

```html
<html>
<head>
<meta http-equiv="Content-Type" content="text/html; charset=utf-8" />
<title>动态创建表格</title>
<script type="text/javascript">
    window.onload=function()
    {
        var bd = document.getElementsByTagName("body")[0];
        var t = document.createElement("table");
        var tbd =document.createElement("tbody");
        for(var i=1;i<=2;i++)
        {
            var tr =document.createElement("tr");
            for(var j=1;j<=3;j++)
            {
                var td =document.createElement("td");
                td.innerHTML="第"+i+"行第"+j+"例";
                tr.appendChild(td);
            }
            tbd.appendChild(tr);
        }
        t.appendChild(tbd);
        bd.appendChild(t);

    }
</script>
</head>
<body>
```

```
</body>
</html>
```

温馨贴士 ≫≫

在动态创建表格时，一定要手动创建tbody 元素，如果没有创建，以IE为内核的浏览器会自动创建tbody元素，而其他类型的浏览器不会自动创建，没有tbody元素的表格会导致浏览者看不到表格元素。

9.6.2 制作列表隔行变色

在列表显示中，为了使显示更加人性化，网站一般都使用了隔行变色技术，以提高用户体验，其制作的思路是获取到所有元素，使用DOM操作CSS样式，将偶数或奇数行的背景色改成与其他默认背景色不一样的颜色。

（1）创建显示数据的ul列表，其代码如下：

```
<ul>
    <li>10月份69个城市新房价格上涨  最高涨幅为21.4%</li>
    <li>日称我图154电子侦察机连续两天飞近钓鱼岛</li>
    <li>京沪高铁修建时为避开安徽明皇陵  多花2.3亿元</li>
    <li>气象台发暴雪黄色预警  黑龙江吉林等有大到暴雪</li>
    <li>社科院专家：小产权房从不合法到合法是大势所趋</li>
    <li>中国海军今年八赴西太平洋训练  远洋训练成趋势</li>
</ul>
```

（2）为ul操作对象添加唯一操作id "news"。

（3）编写操作隔行变色的JS代码，参考代码如下：

```
<script type="text/javascript">
window.onload=function(){
    var ns = document.getElementById("news");
    for(var i=1;i<ns.childNodes.length;i++)
    {
        if(i%2==0)
        {
            ns.childNodes[i].style.backgroundColor="blue";
        }
    }
```

```
    }
</script>
```

9.6.3 退出系统确认框制作

在用户进行系统可编辑操作时，为了防止用户误操作，往往会建立一个确认操作的提示
信息，在WOM中提供了一个确认退出系统的窗口函数conform。下面以确认用户注销作练习。

（1）制作关键HTML代码：

```
<a id="loginOut" href="loginOut.php">注销</a>
```

（2）编写JS代码：

```
<script type="text/javascript">
window.onload=function(){
    var lg = document.getElementById("loginOut");
    lg.onclick=function()
    {
        var rs =window.confirm("确认退出");
        if(!rs)
        {
            return false;
        }
    }
}
</script>
```

9.7　思考与练习

（1）document对象中包含了一些用来处理文档内容的方法，其支持5个基本方法：_____、_____、_____、_____和_____。

（2）下列不属于文档对象的方法的是（　　　）。

　　　A. createElement　　　　　　　B. getElementById

　　　C. getElementByName　　　　　D. forms.length

（3）分析下面的JavaScript代码段，输出结果是（　　　）。（选择一项）

```
a = new Array("100","2111","41111");
for(var i = 0;i < a.length;i   ){
document.write(a[i] "");
}
```

　　　A. 100 2111 41111　　　　　　B. 1 2 3

　　　C. 0 1 2　　　　　　　　　　　D. 1 2 4

（4）关于JS中数组的说法，不正确的是（　　　）。

　　　A.数组的长度必须在创建时给定，之后便不能改变

　　　B.由于数组是对象，因此创建数组需要使用new运算符

　　　C.数组内元素类型可以不同

　　　D.数组可以在声明的同时进行初始化

（5）结合学习情境3，实现注册验证的功能，要求：

①在注册信息中加入所属省份、城市的下拉菜单，实现省市级联的功能。

②在注册信息中加入出生年、月、日的选择下拉菜单。

③出生年份的选择范围为1950—2010年。

④出生日期要根据出生月份和出生年份的选择动态调整选项个数（大月31日，小月30日，平年的2月28日，闰年的2月29日）。

学习情境10 | jQuery制作二级菜单

10.1 任务引入

jQuery是目前最流行的JS框架之一，适合任何JS应用的地方。有了jQuery，开发者可以很轻松地在网页上进行文档对象操作、处理事件、运行动画效果或者添加Ajax交互。jQuery就是一个JS文件，需要使用时直接在网站里引入这个文件。

更重要的是，在使用jQuery的时候，不需要考虑浏览器的兼容性问题。jQuery支持目前绝大多数的浏览器，包括IE 6.0+，firefox1.5+，Safari 2.0+，Opera 9.0+，google浏览器等。同时，jQuery也支持CSS1到CSS3的特性。

jQuery是完全免费的，并且获得了GNU Public License(appropriate for inclusion in many other opensource projects)和MIT License(to facilitate use of jQuery within proprietary software)的双重许可。要获取jQuery可以直接通过jQuery的官方网站（http: //jquery.com）下载。下载的jQuery文件如图10.1所示。

jquery-1.7.2.min
.js

图10.1 jQuery文件示例

10.2 任务分析

10.2.1 任务目标

本学习情境是利用jQuery制作二级菜单，其效果如图10.2所示。本学习情境中的HTML采用的是学习情境4中的结构和样式。主要是通过两个学习情境的对比，让读者了解jQuery编写代码的基本规范和便捷性。

图10.2 二级菜单效果

通过本学习情境的学习，读者应达到如下目标：

- 了解二级菜单的结构和样式；
- 了解jQuery的功能；
- 掌握jQuery的基本框架代码；
- 掌握jQuery中的hover事件；
- 掌握jQuery中的基本动画函数。

10.2.2 设计思路

在本学习情境中，HTML的结构和样式同学习情境4一致。因此本学习情境在HTML布局和样式编写部分会省略图片，详细的步骤与过程请参看学习情境4。将本学习情境分成以下几个任务：

☆**任务1**　二级菜结构与样式编写。
☆**任务2**　jQuery文件的引入（重点）。
☆**任务3**　jQuery实现二级菜单效果（重点，难点）。

10.3　任务实施

任务1　二级菜结构与样式编写

二级菜单的CSS关键样式如下：
/*公用样式略，详见学习情境4 */
#banner{

    width: 800px;

    height: 206px;

    background: url(images/banner.jpg) no-repeat;

    overflow: hidden;

    margin-left: auto;

    margin-right: auto;

 }
#nav{

    background: url(images/nav.gif) repeat-x;　/* 设置导航背景 */

    margin-left: auto;

```
        margin-right: auto;
        height: 50px;
        width: 800px;      /* 设置整个导航的大小 */
        font-size: 14px;
        font-weight: bolder;
}
#nav li{
        margin-left: 10px;
        margin-right: 10px;
        float: left;
        display: inline;      /* 让一级导航水平排列*/
         position: relative;    /*让一级菜单相对定位*/
}
/*二级菜单*/
#nav li ul li{
        float: none;    /*去掉二级菜单浮动*/
        margin: 0px;
        padding: 0px;    /*去掉二级菜单的内外边距*/
        height: 30px;
        line-height: 30px;
}
#nav li ul{
        position: absolute;
        top: 47px;
        left: 10px;
          width: 96px;
          display: none;
          background: #0fa5c7;
}
#nav li ul a{
/*二级菜单超链接*/
        width: 96px;
        font-size: 12px;
        height: 30px;
```

```
    line-height: 30px;
}
```

完成的HTML结构如下所示：

```
<!--banner-->
<div id="banner">
</div>
<!--banner over-->
<!--导航-->
<div id="nav">
<ul>
    <li><a href="#" target="_self">首页</a></li>
<li><a href="#" target="_self">公司介绍</a>
        <!-- 二级菜单 -->
        <ul>
          <li><a href="#" target="_self">走进我们</a></li>
          <li><a href="#" target="_self">悠久历史</a></li>
          <li><a href="#" target="_self">公司理念</a></li>
          <li><a href="#" target="_self">经理致词</a></li>
        </ul>
        <!-- 二级菜单 over -->
    </li>
    <li><a href="#" target="_self">产品展示</a></li>
    <li><a href="#" target="_self">联系我们</a></li>
    <li><a href="#" target="_self">招贤纳才</a></li>
</ul>
</div>
<!--导航 over-->
```

任务2 jQuery 文件的引入

（1）引入jQuery文件。

要使用jQuery，只需要把它作为一个JS文件引入页面中即可。注意，为了保证页面在网络较慢的情况下也能保持工整，jQuery要放在页面所有CSS文件的后面。代码如下：

```
<link rel="stylesheet" type="text/css" href="css/style.css"/>
```

```
<script type="text/javascript" src="scripts/jQuery-1.7.2.min.js"></script>
```

（2）书写自己的jQuery代码。

自己的JS代码写在jQuery文件后面。代码如下：

```
<link rel="stylesheet" type="text/css" href="css/style.css"/>
<script type="text/javascript" src="scripts/jQuery-1.7.2.min.js"></script>
<script type="text/javascript">
    //自己的JS代码
</script>
```

但是更多的时候，建议把自己的代码写在外部的JS文件里，这样可以减少页面中JS的代码量，让页面看上去更清爽、简洁。代码如下：

```
<link rel="stylesheet" type="text/css" href="css/style.css"/>
<script type="text/javascript" src="scripts/jQuery-1.7.2.min.js"></script>
<script type="text/javascript" src="scripts/myjs.js"></script>
```

引入jQuery后，实现了JS与页面结构的分离。这意味着不需要打开页面，就可以任意更改JS效果。

在myjs.js文件中，添加代码如下：

```
$(document).ready(function(){
            //自己的jQuery代码，写在这里
    });
```

任务3　jQuery实现二级菜单效果

（1）添加二级菜单函数。

可以把所有二级菜单的代码直接写在ready()函数里，但是这么做会让ready函数显得庞大而冗余，特别是当JS代码很多且复杂的时候，不利于代码的维护和修改。因此，可以使用一个独立的函数来表示二级菜单特效。代码如下：

```
$(document).ready(function(){
            jq_nav();
    });
function  jq_nav(){
            //二级菜单代码在这里
    }
```

（2）添加二级菜单代码。

要实现当鼠标碰到一级菜单时，二级菜单显示；离开菜单时，二级菜单又隐藏起来。其原理跟学习情境4的内容是一样的。

在jQuery中，鼠标放上去执行代码，鼠标离开又执行代码，使用的是hover函数，添加代码如下：

```
$(document).ready(function(){
        jq_nav();
    });
function jq_nav(){
        $("#nav>ul>li").hover(
        function(){
                $(this).children("ul").show();
            },
        function(){
                $(this).children("ul").hide();
            }
        ); //end  hover
} //end  jq_nav
```

• $("#nav>ul>li") 选择一级菜单li

$("#nav>ul>li") 的节点之间的大于符号（>）表示了节点之间的层级关系是父子关系，不包含孙节点，如图10.3所示。

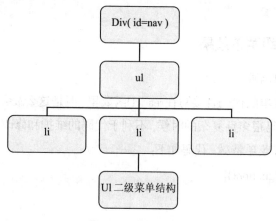

图10.3 层次关系图

$("#nav") 表示选中了页面中id为nav的标签。

$("#nav>ul") 表示选中了页面中id为nav的标签下所有的子节点ul。这里不包含二级菜单的ul（它是孙节点），同时，因为#nav下面只有一个<ul>标签，就是一级菜单的<ul>标签，因此它也表示选中了一级菜单的<ul>标签。

$("#nav>ul>li")表示选中了页面中id为nav的标签下的子节点ul下所有的子节点li。它其实就是选中了页面中一级菜单所有的<li>标签。

● $("#nav>ul>li").hover(over , out)

hover(over, out)是jQuery的鼠标移上和离开事件。

其含义是当鼠标移动到一个匹配的元素上时,会触发指定的第一个函数(over函数)。当鼠标移出这个元素时,会触发指定的第二个函数(out函数)。这里,over和out可以用自己写的函数替换。

在本例中,over和out函数是使用了两个无名函数来实现。这也是使用hover函数的常用方法。

● $(this).children("ul").show( )

$(this)表示"这个",指的是与鼠标互动的HTML结构。这里是指一级菜单li。

$(this).children("ul") 表示这个(标签)下的子节点(ul)。

$(this).children("ul").show( ) 表示让这个标签下的子节点(ul)显示出来。

对应的:

$(this).children("ul").hide( ) 表示让这个标签下的子节点(ul)隐藏。

10.4　知识小结

随着Web2.0及AJAX思想在互联网上的快速发展并传播,陆续出现了一些优秀的JS框架,其中比较著名的有Prototype、YUI、jQuery、mootools、Bindows以及国内的JSVM等,通过应用这些JS框架可以提高项目的开发速度,减少工作代码量。而jQuery,无疑是其中的佼佼者。

jQuery的设计会改变开发人员写JS代码的方式,降低学习使用JS操作网页的复杂度,提高网页JS开发效率,无论对于JS初学者还是资深专家,jQuery都是首选。

10.4.1 jQuery 的基础选择器：$()

jQuery经常在做两件事情:选择HTML标签和让标签做相应事情(执行动画、添加事件等)。

因此,标签的选择很重要。而jQuery大受欢迎的一个重要原因是选择标签方便,用一个$( )函数就能完成。例如:

HTML 代码如下:

```
<div>DIV1</div>
<div>DIV2</div>
<span>SPAN</span>
```

jQuery 代码如下：

$("#div");

var myDiv = $("div");

$("div")会选择页面中所有的<div>标签，并把它们以jQuery对象的形式装在变量myDiv中。在这个示例代码中，被选中的标签就有：

<div>DIV1</div>, <div>DIV2</div>

$( )其他的选择功能如下：

1. ID选择器

HTML 代码如下：

<div id="notMe"><p>id="notMe"</p></div>

<div id="myDiv">id="myDiv"</div>

jQuery 代码如下：

$("#myDiv");

结果，它会选择页面中id为 "myDiv" 的标签：

<div id="myDiv">id="myDiv"</div>

需要注意的是，jQuery的选择符，采用了类CSS的语法，因此在id名字前要添加 "#" 号。

2. 类选择器

HTML 代码如下：

<div class="notMe">div class="notMe"</div>

<div class="myClass">div class="myClass"</div>

<span class="myClass">span class="myClass"</span>

jQuery 代码如下：

$(".myClass");

结果，它会选择页面中所有class为 "myDiv" 的标签：

<div class="myClass">div class="myClass"</div>, <span class="myClass">span class="myClass"</span>

3. 标签选择器

HTML 代码如下：

<form>
  <label>Name: </label>
  <input name="name" />
  <fieldset>

```
    <label>Newsletter: </label>
    <input name="newsletter" />
  </fieldset>
</form>
<input name="none" />
```

jQuery 代码如下：

```
$("form input");
```

结果，它会选择<form>标签下所有的<input>标签：

```
<input name="name" />, <input name="newsletter" />
```

4. 孩子选择器

HTML 代码如下：

```
<form>
  <label>Name: </label>
  <input name="name" />
  <fieldset>
      <label>Newsletter: </label>
      <input name="newsletter" />
  </fieldset>
</form>
<input name="none" />
```

jQuery 代码如下：

```
$("form>input");
```

结果，它会选择<form>标签下所有的<input>子标签：

```
<input name="name" />
```

更多的$符号的用法，请参见jQuery官方API。

10.4.2　jQuery 的ready 函数

$(document).ready是使用jQuery必不可少的函数。它的意思是，当页面文档(document)的HTML相关结果准备好(ready)时，就执行ready函数里面的代码。

通常使用格式如下：

```
$(document).ready(function(){
        // 代码写在这里
});
```

为了便于理解，ready函数的"演变"如下：

$(document).ready( );   //ready函数

$(document).ready (function( ){ … });

　　　　// ready函数的参数是一个函数

再写成这样：

$(document).ready(function( ) {

　　//代码写在这里

});

ready函数也可以简写为：

$(function(){

　　//代码写在这里

});

它的含义是：当 DOM（文档对象模型）已经加载，并且页面（包括图像）已经完全呈现时，会触发ready事件，执行ready函数中的代码。

10.4.3 添加jQuery 事件

给HTML标签添加事件的第一步就是要选择好标签，然后在后面添加事件函数，代码如下：

```
$("#nav>ul>li").hover(
function( ){
    //鼠标到标签之上
                    },
    function( ){
    //鼠标离开标签
}
); //end  hover
```

上述代码就给一级菜单的\<li\>标签添加了"鼠标移上去以及离开"的事件。

在jQuery中，如果要单独给标签添加"鼠标移上去"或者"鼠标离开"的事件，就使用mouseover 或 mouseout函数，代码如下：

```
$("#myid").mouseover(function( ){
    //鼠标移到标签之上后的代码
});
$("#myid").mouseout(function( ){
```

```
//鼠标离开标签后的代码
});
```

如果要使用单击事件，则需要click函数，代码如下：

```
$("#myid").click(function(){
    alert("单击我后，出现了警告框！")
});
```

所有的jQuery事件函数，对代码的调用都是通过无名函数进行的。

10.4.4　jQuery 的hover事件

"鼠标放上去，又离开"是一个连续的事件，在jQuery当中需要使用hover函数，代码如下：

```
$("#nav>ul>li").hover(
        function( ){
                //鼠标到标签之上
            },
        function( ){
                //鼠标离开标签
            }
); //end  hover
```

10.4.5　二级菜单的显示与隐藏

二级菜单的显示与隐藏用的是jQuery的基础动画函数 show与hide函数。

$(xxx).show( )表示显示标签。

$(xxx).hide( )表示隐藏标签。

show与hide函数默认的效果是直接显示和隐藏标签。jQuery还允许设置它们的动画执行时间，以毫秒为单位。例如：

$(xxx).show(500)表示在500毫秒内，显示标签。

$(xxx).hide(500)表示在500毫秒内，隐藏标签。

10.5　知识拓展

10.5.1　jQuery 基础动画效果

二级菜单中，鼠标放到一级菜单上，二级菜单出现；离开一级菜单后二级菜单又隐藏。

```
$("#nav>ul>li").hover(
function( ){
                    $(this).children("ul").show();
            },
        function(){
            $(this).children("ul").hide();
        }
); //end  hover
```

除show函数与hide函数, jQuery还自带有其他的动画效果函数：

slideDown()表示滑动下拉方式显示隐藏的标签。

slideUp()表示滑动上拉方式隐藏标签。

fadeIn()表示透明度渐变的方式显示隐藏标签。

fadeout()表示透明度渐变方式隐藏标签。

toggle()表示如果元素是可见的, 切换为隐藏的; 如果元素是隐藏的, 切换为可见的。

slideToggle()表示只调整元素的高度, 使匹配的元素以 "滑动" 的方式隐藏或显示。

fadeToggle()表示通过不透明度的变化来实现所有匹配元素的淡入和淡出效果。

每个动画函数, 还可以添加预定速度的字符串("slow","normal", or "fast")或表示动画时长的毫秒数值(如: 1 000)作为参数, 来控制动画运行的时间。如下所示：

$("#myid").fadeIn(500);

// myid标签会在500毫秒内, 用透明度渐变的方式出现。

$("#myid").fadeIn("fast");

// myid标签会很快 "fast" 用透明度渐变的方式出现。

每个动画函数在动画完成后, 还可以调用一个函数。这个参数作为事件函数的参数, 写在动画运行时间参数的后面, 例如：

```
$("#fadeOut1").click(function(){
        $("#fadeOut").fadeOut("slow",function(){
            alert("是不是下面这个层慢慢消失了! ")}//end function
        );//end  fadeOut
})
```

更多的动画效果函数的用法, 请参见jQuery官方API。网址: http: //api.jquery.com/。

10.5.2 jQuery 过滤选择器

在使用jQuery查找元的过程中, 除了基本的选择器外, 用户可以通过过滤选择器来对选定的元素进行过滤，使元素的查找更快捷、精准。过滤选择器是在基础选择器上通过"："加过滤条件来完成的。如要查找DIV元素中的第一个元素，那么可以写为：$("div: first")。按照不同的过滤规则，过滤选择器可以分为基本过滤、内容过滤、可见性过滤、属性过滤、子元素过滤和表单对象属性过滤选择器。

1. 基本过滤器

常见基本过滤器见表10.1。

表10.1 常用基本过滤器

过滤器名	说 明
first	获取符合条件的第一个元素
last	获取符合条件的最后一个元素
even	符合条件偶数序例的元素
odd	符合条件奇数序列的元素
eq(index)	符合条件元素中，等于index序列的元素，如$("tr: eq(2))
gt(index)	符合条的元素中，大于index 序例的所有元素

2. 内容过滤器

常见内容过滤器见表10.2。

表10.2 常用内容过虑器

过滤器名	说 明
contains(text)	获取符合条件中，内容含有text内容的元素
empty	获取符合条件中，内容为空的元素
Has()	保留包含特定后代的元素，去掉那些不含有指定后代的元素

3. 可视化过滤器

可视化过滤器见表10.3。

表10.3 可视化过滤器

过滤器名	说 明
hidden	选择所有的被hidden的div元素
visible	选择所有的可视化的div元素

4. 表单元素过滤器

表单元素过滤器见表10.4。

表10.4 表单元素过滤器

过滤器名	说　明
enabled	选择所有的可操作的表单元素
disabled	选择所有的可视化的div元素
checked	选择所有的被checked的表单元素
selected	选择所有的select 的子元素中被selected的元素

10.6　能力拓展

10.6.1　jQuery 隔行变色

创建显示数据的ul例表, 其代码如下:

```
<ul>
        <li>美丽心情</li>
    <li>美好的一天又开始了</li>
    <li>今天要好好练习javascript才行呀</li>
    <li>jQuery功能很强大的哦</li>
</ul>
```

使用jQuery选择过滤器, 制作隔行变色效果, 参考代码如下:

```
$(document).ready(function(e) {
    $("ul>li: odd").css("background-color","blue");
});
```

10.6.2　透明度变化式二级菜单效果

（1）页面结构及样式, 详见任务一。

（2）将二级菜单的显示效果改为fadeIn, 隐藏效果改为fadeOut, 参考代码如下:

```
$(document).ready(function(){
        jq_nav();
    });
function  jq_nav(){
        $("#nav>ul>li").hover(
function(){
        $(this).children("ul").fadeIn();
```

```
},
    function(){
            $(this).children("ul").fadeOut();
    }
); //end hover
```

10.7　思考与练习

（1）在一个表单里，想要找到指定元素的第一个元素用_____实现，那么第二个元素用_____实现。

（2）在jQuery中，鼠标移动到一个指定的元素上，会触发指定的一个方法，实现该操作的是_____。

（3）在jQuery中，想让一个元素隐藏，用_____实现，显示隐藏的元素用_____实现。

（4）在一个表单中，用600毫秒缓慢的将段落滑上，用_____来实现。

（5）在jQuery中，如果想要自定义一个动画，用_____函数来实现。

（6）在一个表单中，查找所有选中的input元素，可以用jQuery中的_____来实现。

（7）jQuery中$(this).get(0)的写法和_____是等价的。

（8）如果需要匹配包含文本的元素，用_____函数实现。

（9）利用jQuery实现JS动画效果：当鼠标放到图片之上，显示图片标题；当鼠标离开图片，图片标题又隐藏起来。

要求：

①图片标题显示在图片的上方；图片标题以透明度变化形式隐藏与显示。

②利用jQuery制作纵向二级菜单，二级菜单出现在一级菜单的右边。

学习情境11 | jQuery 制作选项卡

11.1　任务引入

选项卡是网页非常常见的一个JS特效。它可以最大限度地节约宝贵的页面空间，以显示更多的内容；同时还可以增加用户的交互性，提高用户体验，如图11.1所示。

图11.1　选项卡范例

当鼠标单击选项卡标题时，内容方块里就会显示相应标题的内容，当前标题也会在选项卡上突出显示。这在门户网、企业网、娱乐网等网站上经常看到。选项卡中的内容形式丰富，有列表、文字和图文混排等。

选项卡以其简单的交互效果，丰富的内容结构，受到了众多网站的青睐。

11.2　任务分析

11.2.1　任务目标

本学习情境是用jQuery制作一个选项卡。当鼠标单击选项卡标题时，被单击的标题突出显示,而其他的标题则被弱化显示;同时,让单击标题所对应的内容在标题的下方显示出来,其他标题对应的内容则被隐藏起来,如图11.2所示。

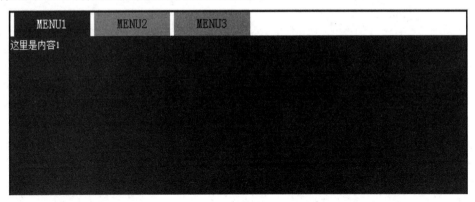

图11.2　选项卡示例

通过本学习情境的学习,读者应达到如下目标:

- 了解选项卡的结构和相关样式;
- 掌握jQuery中的index()函数与eq()函数;
- 掌握jQuery控制类的方法。

11.2.2　设计思路

选项卡的结构一般被分成两个部分:标题与内容。浏览者单击标题,相应内容显示,其他标题对应的内容隐藏。那么本学习情境可以分成以下几个任务:

☆**任务1:** 制作选项卡的结构与样式。
☆**任务2:** 制作选项卡标题特效(重点)。
☆**任务3:** 制作选项卡内容特效(重点)。

11.3　任务实施

任务1　制作选项卡的结构与样式

选项卡一般有标题和内容两部分。标题部分往往是两个或者两个以上的标题横向排列,可以使用<ul>标签制作;每块内容跟标题一一对应,并且都有相同的宽度或者相同的其他样式,因此,内容部分都是一个大的<div>标签作为容器用以装载不同的内容。

选项卡的HTML结构如下所示:

```
<div>
        <!--标题部分-->
        <ul>
                <li><span>MENU1</span></li>
                <li><span>MENU2</span></li>
                <li><span>MENU3</span></li>
        </ul>
        <!--标题部分 结束-->
        <!--内容部分1-->
        <div>
                这里是内容1
        </div>
        <!--内容部分1结束-->
        <!--内容部分2-->
        <div>
                这里是内容2
        </div>
        <!--内容部分2结束-->


        <!--内容部分3-->
        <div>
                这里是内容3
        </div>
        <!--内容部分3 结束-->
</div>
```

在标题中，当前显示的标题与其他标题是不一样的，所以在标题中要有一个class来单独强调当前标题；而内容中，可能会有其他的<div>标签，为了跟这些<div>标签有所区别，作为内容块的<div>标签要有单独的class来控制它们的样式；在每块内容显示的时候，其他内容是隐藏的，因此还需要给隐藏的内容添加一个控制隐藏的类名hide。

添加了class与id 后的代码如下：

```
<div  class="xxk"  id="tab1">
        <!--标题部分-->
        <ul  class="xxk_bt">
                <li  class="on"><span>MENU1</span></li>
```

```
            <li><span>MENU2</span></li>
            <li><span>MENU3</span></li>
        </ul>
        <!--标题部分 结束-->
<!--内容部分1-->
        <div class="nr xianshi">
                这里是内容1
        </div>
        <!--内容部分1 结束-->
        <!--内容部分2-->
        <div class="nr yincang">
                这里是内容2
        </div>
        <!--内容部分2 结束-->
         <!--内容部分3-->
        <div class="nr yincang">
                这里是内容3
        </div>
        <!--内容部分3 结束-->
</div>
```

写出了选项卡的相关结构之后,接下来就要写出它们的样式。首先设定整个选项卡的宽度和高度,代码如下:

```
.xxk{
    width:600px;
    height:400px;
    border:2px #000 solid;
}
```

然后设置标题的宽度和高度,其设置要合理,否则会影响内容的样式;标题的<li>标签,接受鼠标的单击事件,因此鼠标光标要呈现"单击手势"。代码如下:

```
.xxk_bt{ width:600px; height:30px; font-size:16px; }
.xxk_bt li{
    float:left;
    display:inline;
    line-height:30px;
```

```
        width:100px;
        height:30px;
        background:#09C;
        margin-left:5px;
        cursor:pointer;   // 标题的光标样式
    }
```

每个突出的标题，要用类"on"突出样式，代码如下：

```
.xxk_bt .on{
        background:#033;
        color:#FFF;
}
```

/* 当前显示的标题，仅仅是背景色和字体颜色与其他的标题不一样，因此在类"on"的样式中，只写出了它们不同的背景色和字体颜色。*/

每次都只显示一个内容部分，其他的内容要隐藏。而默认状态，往往是显示第一块内容，其余的内容要隐藏。代码如下：

```
.xianshi{
        display:block;   /* 内容显示的样式  */
}
.yincang{
        display:none;  /* 内容隐藏的样式  */
}
```

任务2 制作选项卡标题特效

拷贝jQuery文件到站点scripts目录下，并在scripts目录下创建自己的JS文件myjs.js。

在页面<head>标签之间，样式文件的后面添加代码如下：

```
<script type="text/javascript" src="scripts/jQuery-1.7.2.min.js"></script>
<script type="text/javascript" src="scripts/myjs.js"></script>
```

为了便于维护代码，把选项卡的相关代码都写在自定义的函数tab()里面。在myjs文件中添加jQuery代码如下：

```
$(document).ready( function(){
        tab();
} );
function  tab(){
```

//选项卡的相关代码写在这里。

}

当单击选项卡标题项时，相应的标题突出显示，而其他的标题项则淡化显示。因此，这里需要给标题项添加"单击"事件，代码如下：

```
function  tab(){
    $(".xxk_bt>li").click( function(){
                    //添加的单击事件代码
        } );
}
```

$("xxx").click（fn）是jQuery中的"单击"事件。单击某标签后，要执行的代码写在click（）括号里的function里面。

标题的突出和淡化是通过添加或删除类"on"来实现的。

不过，在让该标题项添加类"on"之前，需要让之前突出显示的标题淡化显示。但是，因为浏览者的单击随意性很强，不能确定之前突出显示的是哪一个标题项。因此，干脆直接让所有的标题项淡化显示，之后再突出显示当前的标题。添加代码如下：

```
$(".xxk_bt>li").click( function(){
        $(this).parent().children("li").removeClass("on");
        $(this).addClass("on");
    } );
```

参考说明：

$(this) 表示当前点击的"这个"标签。

$(this).parent() 表示这个标签的父标签，也就是选项卡标题中的\<ul\>标签。

$(this).parent().children("li") 表示选中标题\<ul\>标签下面的所有的\<li\>标签。

$("xxx").removeClass("on") 表示去掉指定标签的类"on"。

$("xxx").addClass("on") 表示让指定标签增加类"on"。

任务3 制作选项卡内容特效

选项卡的内容众多，当单击某个标题项时，需出现所对应的内容。因此，必须知道单击的是第几个标题，才能正确显示对应的内容块。

对单击标题的序列的获取，通过jQuery的index() 实现。代码如下：

```
$(".xxk_bt>li").click( function(){
        var   now=$(this).index();
        $(this).parent().children("li").removeClass("on");
```

```
        $(this).addClass("on");
    } );
```

$("xxx").index()获取的是指定元素相对于其同辈元素的位置。这个位置是从0开始的。第一个元素的位置是0，第二个元素的位置是1，以此类推。在这里，我们把这个位置赋给了变量now。

通过jQuery的eq()函数利用序列查找对应标签，再显示相应内容。显示内容之前，需要让之前的内容隐藏起来。但是，跟标题一样，并不能确定之前显示的是哪一块内容。因此，干脆让所有的内容块都隐藏起来。

要完成整个效果，修改代码如下：

```
$(".xxk_bt>li").click( function(){
    var   now=$(this).index();
    $(this).parent().children("li").removeClass("on");
    $(this).addClass("on");
    $(this).parent().parent().children(".nr").hide();
    $(this).parent().parent().children(".nr").eq(now).show();
} );
```

$(this).parent().parent() 表示的是选项卡结构中的选项卡大div结构，如图11.3所示。

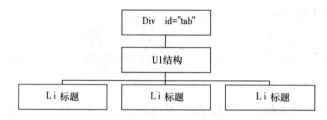

图11.3　选项卡结构示例图

$(this).parent().parent().children(".nr")表示选中选项卡中所有的".nr"内容块。

$("xxx").eq(now)表示查找指定序列为now的标签。

11.4　知识小结

选项卡的制作思想是先制作选项卡的结构和样式，默认将某一个标题及与之对应的内容设为选中状态，当鼠标放置在某标题上时，首先清除掉所有标题和内容的默认样式，将当前标题及与之对应的内容样式设为选中样式状态。核心是选择对应的标题与内容并对其样式进行设置。

11.4.1 index() 函数

$("xxx").index() 搜索匹配的元素, 并返回相应元素的索引值, 从0开始计数。

例如:

HTML代码如下:

```
<ul>
    <li id="foo">foo</li>
    <li id="bar">bar</li>
    <li id="baz">baz</li>
</ul>
```

jQuery代码如下:

```
$('#bar').index(); //1, 返回这个元素在同辈中的索引位置。
```

11.4.2 eq()函数

$("xxx").eq(N)表示获取第N个元素。这个元素是从0开始的。

例如:

HTML代码如下:

```
<p> This is just a test.</p> <p> So is this</p>
```

jQuery 代码如下:

```
$("p").eq(1)
```

结果: `<p> So is this</p>`

11.4.3 选项卡的结构特点

本书中的范例结构仅供参考。选项卡的结果可以多种多样, 但是其结构特点是不变的:

• 标题和内容块要一一对应。

• 某个标题项要突出显示。

• 同一时间只显示一块内容。

只要了解了选项卡的这些特点, 利用jQuery可以做出各种效果的选项卡。

11.5 知识拓展

jQuery 为用户提供了很多实用的操作函数, 下面对常用的jQuery操作CSS样式和DOM操作的函数进行总结, 以供查阅。

11.5.1 jQuery样式操作

jQuery常用样式操作函数见表11.1。

表11.1　jQuery常用样式操作函数

方法名	功能及说明
css	设置或返回匹配元素的样式属性
height	设置或返回匹配元素的高度
offset	返回第一个匹配元素相对于文档的位置
offsetParent	返回最近的定位祖先元素
position	返回第一个匹配元素相对于父元素的位置
scrollLeft	设置或返回匹配元素相对滚动条顶部的偏移
scrollTop	设置或返回匹配元素相对滚动条左侧的偏移
width	设置或返回匹配元素的宽度
addClass	为每个匹配的元素添加指定的类名
removeClass	从所有匹配的元素中删除全部或者指定的类
toggleClass	如果存在（不存在）就删除（添加）一个类

温馨贴士 >>

（1）在jQuery中，采用了面象对象的set/get设计思想，即获取和设置某一属性的值都是用的同一函数名。当方法中没有参数时，表示获取值。如$("div:first").height()，表示的是获取查找到第一个div的值；而$("div:first").height(100)表示的是将获取到的第一个div的高度设为100px。

（2）在使用jQuery设置值时，如果要同时设置多个属性，一般都可以使用json数据格式，即键值对的形式，具体要参照参考手册。

（3）如要对某一个元素设置样式，除了逐对设置外，还可以这样设置：$("div:first").css({"background-color":"red","font-size":"200%"})。

11.5.2 jQuery DOM操作

jQuery DOM节点操作常用函数见表11.2。

表11.2　jQuery DOM节点操作常用函数

方法名	功能说明
html	设置或返回匹配元素的HTML内容

续表

方法名	功能说明
text	设置或返回匹配元素的文本。结果是由所有匹配元素包含的文本内容组合起来的文本。这个方法对HTML和XML文档都有效
Val	设置或返回匹配元素的值,一般用于表单组件
$(html)	创建一个jQuery节点对象(组)。这个对象是jQuery对象
append(content|fn)	向每个匹配的元素内部追加内容
appendTo	把所有匹配的元素追加到另一个指定的元素集合中
prepend	向每个匹配的元素内部前置内容
prependTo	把所有匹配的元素前置到另一个、指定的元素集合中
after	在每个匹配的元素之后插入内容
before	在每个匹配的元素之前插入内容
insertAfter	把所有匹配的元素插入另一个、指定的元素集合的后面
insertBefore	把所有匹配的元素插入另一个、指定的元素集合的前面
clone	克隆匹配的DOM元素并且选中这些克隆的副本
replaceWith	将所有匹配的元素替换成指定的HTML或DOM元素
replaceAll	用匹配的元素替换掉所有 selector匹配到的元素
wrap	把所有匹配的元素用其他元素的结构化标记包裹起来
each	以每一个匹配的元素作为上下文来执行一个函数
remove	从DOM中删除所有匹配的元素
empty	删除匹配的元素集合中所有的子节点

11.6 能力拓展

11.6.1 单行背景色变化

(1)创建显示数据的ul例表,其代码如下:

```
<ul>
    <li>美丽心情</li>
    <li>美好的一天又开始了</li>
    <li>今天要好好练习javascript才行呀</li>
    <li>jQuery功能很强大的哦</li>
```

```
</ul>
```

（2）使用jQuery的odd过滤函数，制作隔行变色效果，其代码如下：

```
<script type="text/javascript">
    $(document).ready(function(){
        $("ul>li:odd").css("background-color","blue");
    });
</script>
```

11.6.2 添加删除附件

在互联网使用中，经常见到添加、删除附件的功能，如QQ邮箱中的添加、删除附件。其编写思路是触发某个动作时，创建一个文件上传域，并将文件域动态地添加到某个结构中。

制作HTML页面，效果如图11.4所示。

图11.4 附件效果图

其HTML代码结构如下所示：

```
<div class="wrap">
    <form>
    <div class="fujian">
        <p>
            附件1：
            <input name="" type="file" />
            <a href="#">删除</a>
        </p>
    </div>
    <a href="#">添加附件</a>
    </form>
</div>
```

其中相关CSS类代码如下：

```
<style type="text/css">
*{ margin:0px; padding:0px;}
.wrap{ margin:40px;}
```

```
</style>
```

jQuery参考代码如下：

```
<script type="text/javascript">
$(document).ready(function(){
    //为文件后的超链接添加删除附件操作
    $("input+a").click(function(){
        $(this).parent("p").remove();
        return false;
    });
    //创建一个文件附本
    $file =$(".fujian>p:first").clone(true);
    $(".wrap a:last").click(function(){
        $file.clone(true).appendTo(".fujian");
        return false;
    });
});
</script>
```

> **温馨贴士** ≫≫
>
> 　　一个新创建的对象，对于自定义事件需要新增，本文中使用clone(true)方法，不仅可以复制结点对象，还可以复制其默认的事件。

11.7　思考与练习

利用jQuery制作选项卡效果，如图11.5所示。

要求：单击内容下圆圈后，进行内容切换；当前的内容块的原点以黑色显示，而其他的原点则以红色显示。

图11.5　选项卡范例

学习情境12 AJAX 注册用户名检测

    AJAX（Asynchronous JavaScript and Xml）是一种异步通信技术，其核心是Javascript XMLHttpRequest对象。XMLHttpRequest是一套可以在Javascript、VbScript、Jscript等脚本语言中通过HTTP协议传送或接收XML及其他数据的一套API。XmlHttpRequest最大的用处是可以更新网页的部分内容而不需要刷新整个页面。

    XMLHttpRequest对象属性见表12.1。

表12.1　XMLHttpRequest对象属性

属　性	说　明
onreadystatechange	指定当readyState属性改变时的事件处理句柄，只写
readyState	返回当前请求的状态，只读
responseBody	将回应信息正文以unsigned byte数组形式返回，只读
responseStream	以Ado Stream对象的形式返回响应信息，只读
responseText	将响应信息作为字符串返回，只读
responseXML	将响应信息格式化为Xml Document对象并返回，只读
status	返回当前请求的HTTP状态码，只读
statusText	返回当前请求的响应行状态，只读

    XMLHttpRequest对象方法见表12.2。

表12.2　XMLHttpRequest对象方法

方　法	功　能
abort	取消当前请求
getAllResponseHeaders	获取响应的所有http头
getResponseHeader	从响应信息中获取指定的http头
open	创建一个新的http请求，并指定此请求的方法、URL以及验证信息(用户名/密码)
send	发送请求到HTTP服务器并接收回应
setRequestHeader	单独指定请求的某个HTTP头

1. AJAX的优点

（1）由于AJAX的异步通信息方式，在不打断用户操作、无刷新的情况下可以与服务器进行数据通信响应，用户体验较好。

（2）AJAX异步通信机制，可以局部更新数据，当用户需要数据时，再通过AJAX查询更新，这样可以将一些服务器负担的工作转嫁到客户端，利用客户端闲置的能力来处理，减轻服务器和带宽的负担，节约空间和宽带租用成本。

2. AJAX的缺点

（1）破坏浏览器后退按钮的正常行为。在动态更新页面的情况下，用户无法回到前一个页面状态，这是因为浏览器仅能记下历史记录中的静态页面。网上解决办法一般采用IFrame的相应方法产生历史记录。

（2）AJAX也难以避免一些已知的安全弱点，诸如跨站点脚步攻击、SQL注入攻击和基于credentials的安全漏洞等。

学习AJAX前的准备工作：

- 掌握Javascript 事件处理，了解HTML（XML）DOM树结点操作。
- 了解XmlHttp API，及其对象在不同浏览器下的创建。
- 了解XML、JSON 数据格式。

12.1　任务引入

在所有的用户注册中，因各系统要求用户名只能唯一，所以用户注册都要进行用户唯一性检测，在传统的用户唯一检测中，用户名是否被注册，用户需要等到单击表单提交按钮后，等待服务器相应，如果有错又需重新提交，不利于用户体验。因此很多网站的用户注册都采用AJAX进行用户名是否被注册的验证，如图12.1所示。

图12.1　某网站用户注册用户名检测图

12.2   任务分析

12.2.1 任务目标

本学习情境的任务就是通过AJAX验证用户名是否存在。通过在表单上输入用户名,当失去焦点时,使用HttpRequest对象将用户名发送至服务器处理程序,并根据处理结果判定注册用户名是否存在,若存在,则提示错误信息"该用户名已存在,请另选用户名注册",并将提示信息的样式更改为相应cuowu样式,若不存在则提示"恭喜你,该用户名可以注册",并将提示信息的样式改为zhengque,如图12.2所示。

图12.2   用户注册验证结果

通过本学习情境的学习,读者应达到如下目标:

- 了解表单的布局方式;
- 了解表单元素的事件;
- 了解JSON数据;
- 掌握AJAX的对象;
- 掌握AJAX请求数据的基本方式。

12.2.2 设计思路

本学习情境中要用到表单中的文本框,所以页面的布局是必须的。本学习情境内容的实现过程是当用户输入用户名失去焦点后,获取用户输入值,并使用XmlHttpRequest对象将用户名发送至服务器端处理程序,并依据返回结果判断用户名是否注册。因此本学习情境可以分成以下几个任务:

☆**任务1:** 表单页面布局。

☆**任务2:** 失去焦点事件处理函数（重点）。

☆**任务3:** AJAX用户名验证实现（重点，难点）。

12.3　任务实施

任务1　表单页面布局

建立站点（站点建立的详细步骤请参见"1.3.1"）。

在页面中, 添加一个表单:

<form action="" method="post">

</form>

在页面中要使用表单元素, 表单<form>的添加是必不可少的。但是, 因为这里不需要提交表单数据, 仅仅是需要它的表单元素, 所以action后面可以不用填写内容, 保持默认值即可。

按照任务目标, 还需要添加3个文本框和1个按钮, 以及添加一个四行二列的表格布局内容。这里只列出用户注册输入域及提示样式结构代码。

<tr>

    <td width="80" align="right">*用户名: </td>

    <td><input name="" type="text" class="input" /></td>

</tr>

<tr>

  <td width="80" align="right"> </td>

  <td>

<span class="tishi">注册用户名由16位长度以内的字母、数字、下画线组成</span>

<!--一般提示, 则把span的class改为tishi-->

<!--错误提示, 则把span的class改为cuowu-->

<!--正确提示, 则把span的class改为zhengque-->

  </td>

</tr>

任务2　失去焦点事件处理函数

　　按照任务要求,在注册时,用户输入用户名失去焦点后,使用函数对这一事件进行处理。所以,需要让用户名输入域实现失去焦点功能。为了获得输入域对象,可为其增加一个唯一标识: id="username"。

　　例如: `<input name="" type="text" class="input" **id="username"**/>`

　　要保证页面在HTML标签都加载完毕后才能执行JS,需要在head之间写入下列代码:

```
window.onload=function( ){
    var  u =document.getElementById("username");
  u.onblur=function( ){
            alert("失去焦点事件");
  }
 }
function( ){ //函数体}
```

　　上面是一个匿名函数的写法,匿名函数即是没有名字的函数,上述代码的意思是: 当window加载完文档后事件发生时,调用匿名函数里的函数体代码去进行处理。有兴趣的同学可以自行了解。下面写一个匿名函数直接调用方法供大家参考:

```
<script type="text/javascript">
(function（）{alert（"我是一个匿名函数"）}）（）;
</script>
```

> **温馨贴士** 》》
>
> 对某一HTML 对象(或结点)进行事件处理时,主要有两种方式:
>
> (1)在HTML标签的事件属性上添加处理函数名, 如:
>
> `<input name="" type="text" class="input" **onblur="函数名（）;"**/>`
>
> (2)获取HTML对象,以DOM的思想进行处理,对象.事件名=处理函数。如:
>
> `var  u =document.getElementById("username");`
>
> **u.onblur**=function( ){
>
> 　alert("失去焦点事件");
>
> }

任务3　AJAX用户名验证实现

　　要获取输入域里面的值,其实就是获取输入域标签value属性的值,可以使用如下代码:

```
var httpRequest=null;//声明异步传输对象
var u =document.getElementById("username");//获取要处理对象
u.onblur=function(){
    var username =u.value; //获取id为username输入域的值
}
```

获取用户数据后,需要使用XmlHttpRequest 对象向服务器发送数据请求。为了使代码简洁,将创建XmlHttpRequest对象封装到createRequest函数中,并将此函数放入window.onload的匿名函数下。代码如下:

```
function  createRequest()
{
    var  request=null
    if(window.ActiveXObject)
    {
        try
        {
            request = new ActiveXObject("Microsoft.XMLHTTP");
        }
        catch(e)
        {
            request = new ActiveXObject("MSXML2.XMLHTTP");
        }
    }
    else
    {
        request = new  XMLHttpRequest();
    }
    return request;
}
```

温馨贴士 》》

（1）XmlHttpRequest 对象在不同的浏览器（主要分别以IE和Firefox为核心）上,创建方式不同。IE的创建方式是使用ActiveXObject对象创建。

如new AtiveXObject("Microsoft.XMLHTTP");或new ActiveXObject("MSXML2.

XMLHTTP")。前一种创建方式是IE5以前的浏览器，后一种创建方式是IE5以后的浏览器的创建方式。Firefox下使用XMLHttpRequest对象创建。如new XMLHttpRequest();。

（2）浏览器的判断，原则上使用行为能力判判。如if(window.ActiveXObject) 表示判断浏览器windows对象是否有ActiveXObject对象。而这个对象只有IE浏览器为核心的对象模型才具有。以此就能区分浏览器的类别。

（3）在现有系统应用中，原则上只区分这两种浏览器，更加细分的创建异步传输对象方式可以自行查找相应资料。

编写好创建异步传输对象后，可以实例化异步传输对象，并使用异步传输对象发送请求。其主要步骤为①使用open 方法发送用户请求；②使用异步传输对象的onreadychange属性设置回调函数，监听请求响应。③发送请求数据（使用POST传输）；④编写回调函数，处理用户响应。代码如下：

```
u.onblur=function(){
    var username = u.value;
    httpRequest = createRequest();
    httpRequest.onreadystatechange=checkUser;//回调函数
    var url ="http://ajax/checkUser.php?username="+username;
    httpRequest.open("get",url,true);
    httpRequest.send(null);
}
```

参数说明：

Open：方法参数 open(bstrMethod, bstrUrl, varAsync, bstrUser, bstrPassword)。

bestMethod: http方法，例如：POST、GET、PUT及PROPFIND。大小写不敏感。

bstrUrl: 请求的URL地址，可以为绝对地址也可以为相对地址。

varAsync[可选]: 布尔型，指定此请求是否为异步方式，默认为true。如果为真，当状态改变时会调用onreadystatechange属性指定的回调函数。

bstrUser[可选]: 如果服务器需要验证，此处指定用户名，如果未指定，当服务器需要验证时，会弹出验证窗口。

bstrPassword[可选]: 验证信息中的密码部分，如果用户名为空，则此值将被忽略。

温馨贴士 ≫≫

　　XmlHttpRequest.onreadystatechange=checkUser表示的是将checkUser函数赋给异步传输对象的onreadystatechange属性。如果将checkUser改为checkUser(),意义是不一样的,这种方式表示的是将checkUser()函数的执行结果赋给onreadystatechage属性。

　　用户发送请求后,可以使用回调函数对响应进行监听,主要监听状态为异步传输对象的readyState属性和status属性。当请求完成后,能返回一个响应结果,异步传输返回结果主要有两种方式。一种以文本形式返回,使用异步传输对象的responseText获取返回结果;另一种以XML形式返回,使用异步传输对象的responseXML获取返回结果。现有很多处理方式,也使用Json数据格式作为数据响应结果。本案例主要以responseText进行处理。回调函数参考代码如下:

```
function checkUser()
{
    if(httpRequest.readyState==4&&httpRequest.status==200)
    {
        var info = document.getElementById("info");
        var rs = httpRequest.responseText;
        if(rs.indexOf("1")!=-1)
        {
            info.innerHTML="该用户名已注册,请另选用户注册";
            info.className="cuowu";
        }
else
        {
            info.innerHTML="恭喜你,该用户名可以注册";
            info.className="zhengque";
        }
    }
}
```

checkUser.php 代码如下:

```
<?php
```

```
$u =array("lyovercome","stones","yangxun");//假定注册用户名数组

$username =$_GET['username'];

if(in_array($username,$u))

{

    echo "1";

}

else

{

    echo "0";

}

?>
```

12.4　知识小结

12.4.1　XmlHttpRequest对象的创建

XmlHttpRequest 对象在不同的浏览器上的创建方式是不一样的，主要浏览器阵营分为微软和firfox。如何根据不同浏览器创建不同的对象是我们需要掌握的。

1. 创建XmlHttpRequest对象浏览器的判断

不同厂商的浏览器对XmlHttpRequest对象的处理方法是不一样的。因此，在使用XmlHttpRequest对象时要判断是哪种浏览器，建议使用浏览器行为能力进行测试判断。即要想使用某个浏览器的某项功能或行为，就判断该浏览器是否具有这样的能力或行为，如有，就认为是某种浏览器。如在IE下要创建异步传输对象就需浏览使用ActiveXObject，因此判断是否是IE，可以使用该属性来做判断。

如：

```
if(window.ActiveXObject)

{

    是IE

}

else

{

    非IE

}
```

2. 不同浏览器中XmlHttpRequest对象的创建

以IE为核心的浏览器中，XmlHttpRequest对象的创建方式如下：

var request = new ActiveXObject("microsoft.XMLHTTP")

或

var request = new ActiveXOject("MSXML2.XMLHTTP");

在以firefox为核心的浏览器上，XmlHttpRequest对象的创建方式如下：

var request = new XmlHttpRequest（）

12.4.2 AJAX处理用户请求关键步骤

步骤1：创建异步传输对象XmlHttpRequset。

步骤2：使用异步传输对象的open方法发送用户请求。

> **温馨贴士** 》》
>
> （1）发送GET请求时，将请求数据放入请求地址的参数中去。
> （2）使用POST请求时，需设置异步传输对象的setRequestHeader方法将头信息的content-tpe设为application/x-www-urlencoded。具体参见能力拓展使用post方法发送数据请求。

步骤3：设置异步传输对象回调函数属性onreaystatechange。

步骤4：使用异步传输对象的send方法发送数据，若是GET请求，send(null)，若是POST请求，send（变量名1=值1&变量名=值2....）。

步骤5：编写回调函数，处理服务器响应数据。

请求响应状态和HTTP响应状态码见表12.3和表12.4。

表12.3 请求响应状态（readyState）

0 (未初始化)	对象已建立，但是尚未初始化（尚未调用open方法）
1 (初始化)	对象已建立，尚未调用send方法
2 (发送数据)	send方法已调用，但是当前的状态及HTTP头未知
3 (数据传送中)	已接收部分数据，因为响应及HTTP头不全，这时通过responseBody和responseText获取部分数据会出现错误
4 (完成)	数据接收完毕，此时可以通过responseBody和responseText获取完整的回应数据

表12.4　HTTP响应状态码

200（成功）	服务器已成功处理请求。通常表示服务提供请求页面
400（请求错误）	服务器不理解请求语法
403（禁止）	服务器拒绝请求
404（未找到）	服务器找不到请求页面
500	服务器内部错误
503	服务器无法使用（由于超载或停机维护）

12.5　知识拓展

12.5.1　JS对象与JSON数据

1. Javascript对象

（1）Javascript创建对象的方式。创建Javascript对象可以基于function 、object、JSON。

例如：基于function 创建对象student

```
var student =new  function()
  {
        this.name="zdsoft_lyovercome";
        this.sayHello=function()
        {
            alert("my name is:"+this.name);
        }

  }
  student.sayHello();
```

例如：基于Object创建student对象

```
<script type="text/javascript">
        var student = new Object();
        student.name="zdsoft_lyovercome";
        student.sayHello=function(){
            alert('my name is:'+this.name);
        }
```

```
            student.sayHello();
    </script>
```

例如：基于json数据格式创建student对象

```
<script type="text/javascript">
        var student={
            'name':'zdsoft_lyovercome',
            'sayHello':function()
            {
                    alert('my name is:'+this.name);
            }
        };
        student.sayHello();
</script>
```

2. JSON数据

JSON(Javascript Object Notation)是一种轻量级的数据交换格式，它基于Javascript（Standard ECMA-262 3rd Edition - December 1999）的一个子集。JSON采用完全独立于语言的文本格式，但是也使用了类似于C语言家族的习惯（包括C、C++、C#、Java、Javascript、Perl、Python等）。这些特性使JSON成为理想的数据交换语言。易于用户阅读和编写，同时也易于机器解析和生成。

JSON数据在Javascript中可以看成为一种"键—值"对的Javascript对象或对象数组。如当成对象时，其创建方式如{属性名1:值1, 属性2: 值2, ..., 属性n: 值n}。使用方式为对象名.属性名。

例如：简单数据对象

```
<script type="text/javascript">
        var  t={'name':'lyovercome','sex':'man','age':'29'};
        alert(t.name);
        alert(t.sex);
        alert(t.age);
</script>
```

例如：数组对象

```
<script type="text/javascript">
    var author={'teacher':[{'name':'lyovercome','sex':'man','age':29},
                    {'name':'stones','sex':'man','age':29}]};
```

```
        alert("teacher对象数组长度"+author.teacher.length);
    for(var i=0; i<author.teacher.length;i++)
        {
            var a = author.teacher[i];
            alert("name:"+a.name+"-->sex:"+a.sex+"-->age:"+a.age);
        }
    </script>
```

12.5.2 XML DOM

XML（Extensible Markup Language, 可扩展标记语言）是一套定义语义标记的规则。XML是W3C于1982年2月发布的一种标准，是SGML(Standard Generalized Markup Language, 标准通用标记语言)的一个简化子集。SGML可以创建成千上万的标记语言，它为语法标志提供了异常强大的工具，同时具有极好的扩展性，因此常用在分类和索引数据中。但SGML非常复杂，不适用于日常网络运用，因此产生了SGML的另一个子集——HTML(Hypertext Markup Language, 超文本语言)。HTML简单但扩展性差，从而诞生了集SGML和HTML优点于一体的XML。自XML推出以来，迅速得到了软件开发商的支持和程序开发人员的喜爱，显示出强大的生命力。

XML 文档必须是良构（Well-Formed）的，才能被XML解析器正确地解析。一个良构的XML文档应遵循以下几个准则：

（1）在XML文档中，第一行必须声明该文档为XML文档类型，同时指定XML规范版本，即在文件的前面不能够有其他元素或注释。

（2）在XML文档中有且只有一个根元素。

（3）在XML文档结构中的标记必须正确的关闭，也就是说，在XML文档中，控制标记必须有与之对应的结束标记。

（4）标记之间不得交叉。

（5）属性值必须要用双引号""括起来。

（6）控制标记、指令和属性名称等的英文要区分大小写。与HTML不同的是，在HTML中，类似<b>和<B>的标记含义是一样的，而在XML中，它表示的是两个不同的含义。

XML DOM是W3C文档对象模型的一部分，并在DOM Level3中得到了进一步完善。XML DOM是针对XML文档的文档对象模型，独立于平台和语言，继承了XML的独立性。它定义了一套用于访问和加载XML文档的属性和方法，可以方便快捷地访问XML文档。XML DOM的属性和方法见表12.5和表12.6。

表12.5 XML DOM属性

属　性	说　明
async	布尔值是可擦写的（read/write），如果准许异步下载，值为true；反之则为false。
attribute	传回目前节点的属性列表，如果此节点不能包含属性，则传回空值
childNodes	传回一个节点清单，包含该节点所有可用的子节点，假如这个节点没有子节点，传回null
doctype	传回文件型态节点，包含目前文件的DTD。这个节点是一般的文件型态宣告，例如，名为EMAIL的节点物件会被传回
documentElement	返回一个在单一根文件元素中包含数据的对象。此属性可读/写，如果文件中不包含根节点，将传回null
firstChild	目前节点中的第一个子元素
implementation	DOM应用程序能使用其他实作中的对象。implementation属性确认目前XML文件的DOMimplementation对象。
lastChild	目前节点中最后的子元素
nextSibling	目前文件节点的子节点列表中传回下一个兄弟节点
nodeName	传回代表目前节点名称的字符串
nodeType	辨识节点的DOM型态
nodeValue	传回指定节点相关的文字
ondataavailable	指定一个事件来处理ondataavailable事件
onreadystatechange	指定一个事件来处理onreadystatechange事件。这个事件能辨识readyState属性的改变
ownerDocument	传回文件的根节点，包含目前节点
parentNode	传回目前节点的父节点。只能应用在有父节点的节点中
parseError	传回一个DOM解析错误对象，此对象描述最后解析错误的讯息
previousSibling	传回目前节点之前的兄弟节点
readyState	传回XML文件资料的目前状况
url	传回最近一次加载XML文件的URL
validateOnParse	告诉解析器文件是否有效
xml	传回指定节点的XML描述和所有的子节点

表12.6　XML DOM方法

方法名	功　能
abort	abort 方法取消一个进行中的异步下载
AppendChild	加上一个节点当作指定节点最后的子节点
cloneNode	建立指定节点的复制
createAttribute	建立一个指定名称的属性
createCDATASection	建立一个包含特定数据的CDATA
createComment	建立一个包含指定数据的批注
createDocumentFragment	建立一个空的文件片断对象
createElement	建立一个指定名称的元素
createEntityReference	建立一个参照到指定名称的实体
createNode	建立一个指定型态、名称, 及命名空间的新节点
createProcessingInstruction	建立一个新的处理指令, 包含了指定的目标和数据
createTextNode	建立一个新的text 节点, 并包含指定的数据
getElementsByTagName	传回指定名称的元素集合
haschildnodes	如果指定的节点有一个或更多子节点, 传回值为true
insertBefore	在指定的节点前插入一个子节点
load	表示从指定位置加载的文件
loadXML	加载一个XML 文件或字符串的片断
nodeFromID	传回节点ID 符合指定值的节点
parsed	会验证该指定的节点(node)及其衍生的子节点(descendants)是否已被解析过
removeChild	将指定的节点从节点清单中移除
replaceChild	置换指定的旧子节点为提供的新子节点
selectNodes	传回所有符合提供样式(pattern)的节点
selectSingleNode	传回第一个符合样式的节点
transformNode	使用提供的样式表来处理该节点及其子节点

12.6 能力拓展

12.6.1 使用post发送数据请求

在数据发送方法中, post与get的区别: ①get只能发送少量数据; ②get发送数据不具备保密性。③post方法能传输大量数据且数据保密。所以, 为了更好地传输数据, 一般使用post方法。

要使用post方法发送请求, 只需在get方法的基础上修改3个部分: ①设置请求头, 使用异步传输对象的setRequestHeader ( ) 方法设置Content-type为application/x-www-form-urlencoded; ②将异步传输对象的open方法中的数据传输方式改为post; ③使用send ( ) 方法发送数据。AJAX的get请求参见11.3.3 AJAX用户名验证实现步骤。代码如下:

```
u.onblur=function()
{
    var username = u.value;
    httpRequest = createRequest();
    httpRequest.setRequestHeader
    ("Content-type","application/x-www-form-urlencoded");
    httpRequest.onreadystatechange=checkUser;//回调函数
    var url ="http://ajax/checkUser.php;
    httpRequest.open("post",url,true);
    httpRequest.send("username="+username);
}
```

checkUser.php代码如下:

```
<?php
    $u =array("lyovercome","stones","yangxun");//假定注册用户名数组
    $username =$_POST['username'];
    if(in_array($username,$u))
    {
        echo "1";
    }
    else
    {
        echo "0";
    }
?>
```

12.6.2 使用JSON数据响应结果

在AJAX开发中，把响应结果看作数据，为了更好地对数据进行处理，如对数据进行分类。在数据响应时，一般把数据响应为XML 或 JSON格式的数据，这样更便于数据处理。在本案例中，主要讲解使用Javascript 的eval函数处理服务器端返回的JSON格式的文本数据。

checKUser.php代码返回为JSON文本。参考代码如下：

```php
<?php
    $u =array("lyovercome","stones","yangxun");//假定注册用户名数组
    $username =$_POST['username'];
    if(in_array($username,$u))
    {
        echo json_encode(array('status'=>'1','msg'=>"用户名已注册, 请另选用户名注册"));
    }
    else
    {
        echo json_encode(array('status'=>'0','msg'=>'恭喜你, 该用户名可以注册'));
    }
?>
```

返回数据格式：{"status":"0","msg":"\u606d\u559c\u4f60\uff0c\u8be5\u7528\u6237\u540d\u53ef\u4ee5\u6ce8\u518c"}。AJAX发送数据方式参见前文，本案例只做回调函数的修改处理，checkUser JavaScript回调函数参考如下：

```javascript
function  checkUser()
{
    if(httpRequest.readyState==4&&httpRequest.status==200)
    {
            var   info = document.getElementById("info");
            var   rstext = httpRequest.responseText;
             var  rs=eval('('+rstext+')');
             if(rs.status=="1")
             {
                    info.className="cuowu";
                        info.innerHTML=rs.msg;
             }
                else
```

```
                    {
                        info.className="zhengque";
                        info.innerHTML=rs.msg;
                    }
            }
        }
```

eval() 函数可计算某个字符串,并执行其中的 Javascript 代码。该方法只接受原始字符串作为参数,如果 string 参数不是原始字符串,那么该方法将不作任何改变地返回。因此请不要为 eval() 函数传递string 对象来作为参数。

将JSON格式字符串转换为JSON对象,需将字符串放入(　)中。

12.7　思考与练习

(1)在异步请求中,当创建完XMLHTTP对象后,需要为对象指定一个(　　　)属性,用来监视请求状态的变化。

A. xmlhttp.Open　　　　　　B. xmlhttp.readystate

C. xmlhttp.status　　　　　　D. xmlhttp.onreadystatechange

(2)在AJAX异步请求的主要属性中,有关返回值的属性主要有(　　　)。

A.status　　　B.readyState　　　C.responseText　　　D.responseBody

(3)DOM模型中有3种类型的节点,nodeType以数字形式返回它们的类型,正确描述的是(　　　)。

A.元素节点返回0　　　　　　B. 属性节点返回3

C.文本节点返回3　　　　　　D.元素节点返回1

(4)open方法的语法为xmlhttp.Open(Method,URL,aysc),其中aysc如果为true,则XMLHTTP将_____调用对象。

(5)keyPress事件在按键时发生,有一个与其相关的事件_____,是在用户释放按键时发生。

(6)使用AJAX编写添加用户功能模块,使用post数据传输方式。

(7)使用AJAX+XML 编写异步分页查询功能模块,返回结果为responseXML,并手动创建显示表格。

(8)使用jQuery改写本学习情境中的所有案例任务。

附　录

附录1　Javascript 正则表达式

附1.1　正则表达式简介

在百度百科中，正则表达式是这样被描述的"在计算机科学中，是指一个用来描述或者匹配一系列符合某个句法规则的字符串的单个字符串"。正则表达式是对字符串操作的一种逻辑公式，就是用事先定义好的一些特定字符及这些特定字符的组合，组成一个"规则字符串"，这个"规则字符串"用来表达对字符串的一种过滤逻辑。给定一个正则表达式和另一个字符串，可以达到如下的目的：

①给定的字符串是否符合正则表达式的过滤逻辑（称作"匹配"）。

②可以通过正则表达式，从字符串中获取我们想要的特定部分。

正则表达式的特点是：

• 灵活性、逻辑性和功能性非常强；

• 可以迅速地用极简单的方式达到字符串的复杂控制；

• 对于刚接触的人来说，比较晦涩难懂。

在编写处理字符串的程序或网页时，经常会有查找符合某些复杂规则的字符串的需要。正则表达式就是用于描述这些规则的工具。也可以说正则表达式是一种描述文本组成规则的通用语言，其语言规范主要有posix、perl两种。

附1.2　正则表达式基础语法

1. 元字符

正则表达式默认规定字符组成规则，也可以理解为在正则表达式中具有特殊组成规则意义的字符。具体内容如附表1.1所示。

附表1.1　正则表达式的元字符

代　码	说　明
.	匹配除换行符以外的任意字符
\w	匹配字母或数字或下划线

续表

代　码	说　明
\s	匹配任意的空白符
\d	匹配数字
\b	匹配单词的开始或结束
^	匹配字符串的开始
$	匹配字符串的结束

2. 字符类

要想查找数字、字母或者空格是很简单的，因为已经有了对应这些字符集合的元字符。但是如果想匹配没有预定义元字符的字符集合（比如元音字母a, e, i, o, u），只需要在方括号里列出即可，如[aeiou]就匹配任何一个英文元音字母, [.?!]匹配标点符号（.或?或!）。

用户可以轻松地指定一个字符范围, 如[0-9]代表的含意与\d就是完全一致的, 表示1位数字; 同理[a-z0-9A-Z_]也完全等同于\w（如果只考虑英文的话）。

3. 字符转义

如果想查找元字符本身, 如查找 "." 或者 "*", 就会出现问题: 用户没办法指定它们, 因为它们会被解释成别的意思。这时就得使用 "\" 来取消这些字符的特殊意义。因此, 应该使用 "\." 和 "*"。当然, 要查找 "\" 本身, 也得用 "\\"。

例如: unibetter\.com匹配unibetter.com, C:\\Windows匹配C:\Windows。

4. 重复

为了使正则表达式更加灵活, 其引入了重复的机制, 即可以控制字符在表达式规则中出现的频率。

附表1.2　重复限定符

代　码	说　明
*	重复零次或更多次
+	重复一次或更多次
?	重复零次或一次
{n}	重复n次
{n,}	重复n次或更多次
{n,m}	重复n到m次

重复限定符的具体使用案例：

/fo+/

因为上述正则表达式中包含"+"元字符，表示可以与目标对象中的"fool""fo"或者"football"等在字母f后面连续出现一个或多个字母"o"的字符串相匹配。

/eg*/

因为上述正则表达式中包含"*"元字符，表示可以与目标对象中的"easy""ego"或者"egg"等在字母e后面连续出现零个或多个字母"g"的字符串相匹配。

/Wil?/

因为上述正则表达式中包含"？"元字符，表示可以与目标对象中的"Win"或者"Wilson"等在字母i后面连续出现零个或一个字母"l"的字符串相匹配。

{n}

n 是一个非负整数。匹配确定的 n 次。例如，'o{2}' 不能匹配"Bob"中的 'o'，但是能匹配"food" 中的两个'o'。

{n,}

n 是一个非负整数。至少匹配 n 次。例如，'o{2,}' 不能匹配 "Bob" 中的 'o'，但能匹配 "foooood" 中的所有 o。'o{1,}' 等价于 'o+'。'o{0,}' 则等价于 'o*'。

{n,m}

m 和 n 均为非负整数，其中n <= m。最少匹配 n 次且最多匹配 m 次。例如，"o{1,3}" 将匹配 "foooood" 中的前三个 o。'o{0,1}' 等价于 'o?'。请注意在逗号和两个数之间不能有空格。

5. 分组

我们已经提到了怎么重复单个字符（直接在字符后面加上限定符即可）。但如果想要重复多个字符，可以用小括号来指定子表达式（也叫做"分组"），然后就能指定这个子表达式的重复次数。用户也可以对子表达式进行其他一些操作。

比如：

(\d{1,3}\.){3}\d{1,3}

这是一个简单的 IP 地址匹配表达式。要理解这个表达式，可以按下列顺序分析：\d{1,3}匹配1到3位的数字，(\d{1,3}\.){3} 匹配3位数字加上一个英文句号（这个整体也就是这个分组）重复 3 次，最后再加上一个1到3位的数字(\d{1,3})。

IP 地址中每个数字都不能大于 255，它也将匹配 256.300.888.999 这种不可能存在的 IP 地址。如果能使用算术比较的话，或许能简单地解决这个问题，但是正则表达式中并不提供关于数学的任何功能，所以只能使用冗长的分组、选择、字符类来描述一个正确的 IP 地址：

((2[0-4]\d|25[0-5]|[01]?\d\d?)\.){3}(2[0-4]\d|25[0-5]|[01]?\d\d?)

理解这个表达式的关键是理解 2[0-4]\d|25[0-5]|[01]?\d\d?。

6. 反义

有时需要查找不属于某个能简单定义的字符类的字符。比如想查找除了数字以外，其他任意字符都可以的情况，这时需要用到反义。具体内容如附表1.3所示。

附表1.3　常用的反义代码

代码/语法	说　明
\W	匹配任意不是字母、数字、下划线的字符
\S	匹配任意不是空白符的字符
\D	匹配任意非数字的字符
\B	匹配不是单词开头或结束的位置
[^x]	匹配除了x以外的任意字符
[^aeiou]	匹配除了aeiou这几个字母以外的任意字符

例如：

\S+: 匹配不包含空白符的字符串。

<a[^>]+>: 匹配用尖括号括起来的以a开头的字符串。

附1.3　Javascript正则表达式的使用

1. 正则表达式的创建

var reCat = new RegExp("cat");

也可以：

var reCat = /cat/;　　//Perl 风格　　（推荐）

2. 正则表达式的常用方法

（1）正则表达式方法：exec、test

exec(string)

result = reg.exec(str)

在字符里面查找符合正则表达式的内容，如果有返回值result是一个数组，否则找不到，返回值result就是null。如果正则表达式reg有一个格外参数g，表示将全部内容都配置，没有写g参数，只返回第一个符合要求的内容。

test(string)

result = reg.test(str)

测试有没有符合正则表达式的规则，如果有返回值result为true,否则返回值result为false.

（2）字符串对象的正则表达式方法：replace、split、match

match(正则表达式)

result = str.match(reg)

在字符里面去找符合正则表达式的内容，如果有返回值是一个数组，否则返回值是null。有一个格外参数g，表示将全部内容都配置，没有写g参数，只返回第一个符合要求的内容。

replace("正则表达式"，"替换的文字")

result = str.replace(reg,"xxx")

使用自定义字符"xxx"替换字符串str中符合正则表达式规则的字符。Replace方法通常用作关键字的屏蔽。

附1.4 常用正则表达式速查

匹配中文字符的正则表达式：[u4e00-u9fa5]

匹配双字节字符(包括汉字在内): [^x00-xff]

匹配HTML标记的正则表达式: < (S*?)[^>]*>.*?|< .*? />

匹配首尾空白字符的正则表达式: ^s*|s*$

匹配Email地址的正则表达式: \w+([-+.]\w+)*@\w+([-\.]\w+)*\.\w+([-\.]\w+)*

匹配网址URL的正则表达式: [a-zA-z]+://[^s]*

匹配账号是否合法(字母开头，允许5—16字节，允许字母数字下画线): ^[a-zA-Z][a-zA-Z0-9_]{4,15}$

匹配国内电话号码: \d{3}-\d{8}|\d{4}-\d{7}

匹配腾讯QQ号: [1-9][0-9]{4,}

匹配中国邮政编码: [1-9]\d{5}(?!d)

匹配身份证: \d{15}|\d{18}

匹配ip地址: \d+\.\d+\.\d+\.\d+

匹配特定数字:

^[1-9]\d*$　　//匹配正整数

^-[1-9]\d*$　　//匹配负整数

^-?[1-9]\d*$　　//匹配整数

^[1-9]\d*|0$　　//匹配非负整数（正整数 + 0）

^-[1-9]\d*|0$　　//匹配非正整数（负整数 + 0）

^[1-9]\d*\.\d*|0\.\d*[1-9]\d*$　　//匹配正浮点数

^-([1-9]\d*\.\d*|0\.\d*[1-9]\d*)$　　//匹配负浮点数

^-?([1-9]\d*\.\d*|0\.\d*[1-9]\d*|0?\.0+|0)$　　//匹配浮点数

匹配特定字符串：

^[A–Za–z]+$ //匹配由26个英文字母组成的字符串

^[A–Z]+$ //匹配由26个英文字母的大写组成的字符串

^[a–z]+$ //匹配由26个英文字母的小写组成的字符串

^[A–Za–z0–9]+$ //匹配由数字和26个英文字母组成的字符串

^\w+$ //匹配由数字、26个英文字母或者下画线组成的字符串

附录2　jQuery 常用插件

附2.1　表单验证插件：Validation

jQuery Validation[1]是一款不错的表单信息验证插件，它使表单验证变得更容易，并且为用户提供了大量定制选项。该插件提供了一套默认的验证方法，并包括URL和电子邮件验证，同时为用户提供了编写自己验证方法的接口。所有默认验证方法的默认提示信息都被翻译成了英语和其他37个国家的语言，用户可以很方便地对信息进行本地化。同时，用户也能很方便自定义自己的错误提示信息。

在使用插件前，需将使用插件的相关JS文件引入文档中，如：

<script src="../js/jquery.js" type="text/javascript"></script>

<script src="../js/jquery.validate.js" type="text/javascript"></script>

引入的顺序一定是jQuery.js在前，插件文件在后，因为插件的功能是建立在jQuery框架的基础之上的。

1. jQuery Validation 默认验证规则

具体内容如附表2.1所示。

附表2.1　jQuery Validation 默认验证规则

默认规则	描　　述
remote:"check.php"	必输字段
required:true	使用AJAX方法调用check.php验证输入值
email:true	必须输入正确格式的电子邮件
url:true	必须输入正确格式的网址
date:true	必须输入正确格式的日期
dateISO:true	必须输入正确格式的日期(ISO)，例如：2009-06-23, 1998/01/22 只验证格式，不验证有效性

---

1 原文请见：http://docs.jquery.com/Plugins/Validation

续表

默认规则	描　述
number:true	必须输入合法的数字(负数，小数)
digits:true	必须输入整数
creditcard	必须输入合法的信用卡号
equalTo:"#field"	输入值必须和#field相同
accept	输入拥有合法后缀名的字符串（上传文件的后缀）
maxlength:5	输入长度最多是5的字符串(汉字算一个字符)
minlength:10	输入长度最小是10的字符串(汉字算一个字符)
rangelength:[5,10]	输入长度必须介于5和10之间的字符串")(汉字算一个字符)
range:[5,10]	输入值必须介于5和10之间
max:5	输入值不能大于5
min:10	输入值不能小于10

2. 默认的提示

messages: {

required: "This field is required.",

remote: "Please fix this field.",

email: "Please enter a valid email address.",

url: "Please enter a valid URL.",

date: "Please enter a valid date.",

dateISO: "Please enter a valid date (ISO).",

dateDE: "Bitte geben Sie ein g眉ltiges Datum ein.",

number: "Please enter a valid number.",

numberDE: "Bitte geben Sie eine Nummer ein.",

digits: "Please enter only digits",

creditcard: "Please enter a valid credit card number.",

equalTo: "Please enter the same value again.",

accept: "Please enter a value with a valid extension.",

maxlength: $.validator.format("Please enter no more than {0} characters."),

minlength: $.validator.format("Please enter at least {0} characters."),

rangelength: $.validator.format("Please enter a value between {0} and {1} characters long."),range: $.validator.format("Please enter a value between {0} and {1}."), max: $.validator.format("Please enter a value less than or equal to {0}."),

min: $.validator.format("Please enter a value greater than or equal to {0}.")

}

如需要修改，可以按照以下格式进行修改：

jQuery.extend(jQuery.validator.messages,{

  "规则"："提示信息"

})

或将相应国家的messages_xx.js引入，并在文件内对其进行修改。

3. 使用方式

（1）将校验规则写到控件中

在使用jQuery进行验证规则编写时，文档上主要是两种方式，一种是在程序代码中编写验证规则，另一种是在表单验证的相应组件上编写验证规则。

为了便于快速上手，首先通用案例讲解第二种方式。表单界面如附图2.1所示。

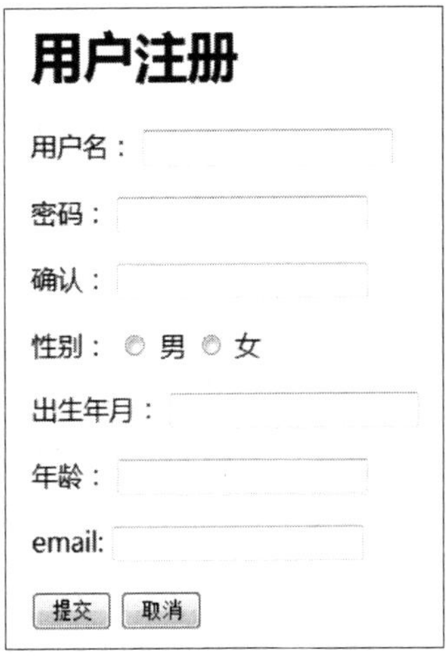

```
<form id="myform"  method="post" action="do.php">
  <p>用户名:
    <label for="username"></label>
    <input type="text" name="username" id="username" class="required"/>
  </p>
  <p>密码:
    <label for="pwd"></label>
    <input type="text" name="pwd" id="pwd" required="true" rangelength="5,10"/>
  </p>
  <p>确认:
    <label for="rpwd"></label>
    <input type="text" name="rpwd" id="rpwd" equalTo="#pwd"/>
  </p>
  <p>性别:
    <input type="radio" name="sex"  value="sex" required="true"/>
    <label for="sex"></label>
  男
```

附图2.1　注册验证表单界面

```
<input type="radio" name="sex"  value="sex" required="true" />
<label for="sex2"></label>
女</p>
<p>年龄:
  <label for="age"></label>
  <input type="text" name="age" id="age" max="130"/>
</p>
<p>email:
  <label for="email"></label>
  <input type="text" name="email" email="email"/>
</p>
<p>
  <input type="submit" name="button" id="button" value="提交" />
  <input type="reset" name="button2" id="button2" value="取消" />
</p>
</form>
```

如上述加粗部分的代码所示,jQuery valiation验证规则可以将规则写在class里,但这种方式不适用组合验证,另一种方式使用类似于HTML验证规则的写法,将验证规则作为HTML属性写在表单中(推荐使用)。当然在企业实际开发过程中,此框架还支持另一种验证规则使用方法,使用**class="{}"**的方式,但需要额外的jquery.metadata.js文件支持。如:

class="{required:true,minlength:5,messages:{required:'请输入内容'}}"

在使用equalTo关键字时,后面的内容必须加上引号,如:

class="{required:true,minlength:5,equalTo:'#password'}"

还有一种方式:

$.metadata.setType("attr", "validate");

这样可以使用**validate="{required:true}"**的方式,或者**class="required"**,但**class="{required:true,minlength:5}"**将不起作用。

在完成规则编写时,只需直接调用框架的validate方法即可,代码如下:

```
<script type="text/javascript">
    $().ready(function(e) {
            $("#myform").validate();
    });
</script>
```

（2）将校验规则写到JS代码中

```
<script type="text/javascript">
    $(document).ready(function(e) {
        $( "#myform").validate({
            rules:{
                username:"required",
                pwd:{
                    required:true,
                    rangelength:"5,10"
                },
                rpwd:{
                    required:true,
                    equalTo:"#pwd"
                },
                sex:"required",
                email:"email"
            }
        });
    });
</script>
```

（3）效果展示

附图2.2　验证效果

运行效果如附图2.2所示,验证失败时,框架会自动将错误信息默认地放到表单元素的Label标签,并为标签增加一个error样式类,美化错误提示信息时,只需编写对标签的error类。

附2.2 日历插件:Datepicker

jQuery Datepicker是一个强大的日历插件,它允许用户点击文本框后,在文本框旁边显示日历,这样用户不用输入内容,通过点击就可以输入时间。效果如附图2.3所示。

附图2.3 datepicker日历效果

要使用datepicker插件,需要在页面中引入jQuery文件、datepicker文件以及datepicker的CSS文件。

```
<link rel="stylesheet" href="ui.datepicker.css">
<script type="text/javascript" src="js/jquery-1.7.2.js"></script>
<script type="text/javascript" src="js/ui.datepicker.min.js"></script>
```

给需要添加日历效果的文本框添加id。

```
<input id="rili" type="text"/>
```

1. 基本使用方式

在JS中,给这个id添加datepicker函数即可。代码如下:

```
<script type="text/javascript">
        $(document).ready(function(){
                $("#rili").datepicker();
        });
</script>
```

要更改日历的样子,可以通过下载不同的样式文件**Theme**来使用各种各样的**Datepicker**!